湖泊富营养化
模型参数研究

王玉琳　华祖林　汪靓　著

中国水利水电出版社
www.waterpub.com.cn
·北京·

内 容 提 要

　　参数准确估计是富营养化模型研究的重要内容。本书基于富营养化模型提出了一套"模型构建-数据分析平台-参数敏感性-优化确定-不确定性"的研究体系。以巢湖和环境流体动力学模型（EFDC）为例，建立了巢湖水动力-富营养化模型。用改进的 Morris 方法筛选出重要参数；开发了大数据分析平台，构建了巢湖二维富营养化模型的代理模型。对模型参数进行敏感性分析，揭示了参数的时空分布特征并获得关键参数。利用抗噪多目标粒子群优化算法确定了关键参数的最优估计。最后，用参数多目标不确定性分析方法研究了关键参数的不确定性。

　　本书对规范和改善湖泊富营养化模型的构建过程，提升湖泊水环境模型的表现具有重要的理论意义和实践价值；可为高等学校和科研院所有关环境工程、水利工程、水文水资源学、生态学、气象学等相关学科研究者和技术人员提供参考。

图书在版编目（ＣＩＰ）数据

湖泊富营养化模型参数研究 / 王玉琳，华祖林，汪靓著. -- 北京 : 中国水利水电出版社，2023.12

ISBN 978-7-5226-1985-9

Ⅰ.①湖… Ⅱ.①王…②华…③汪… Ⅲ.①湖泊－富营养化－污染防治－研究 Ⅳ.①X524

中国国家版本馆CIP数据核字(2023)第251994号

书 名	**湖泊富营养化模型参数研究** HUPO FUYINGYANGHUA MOXING CANSHU YANJIU
作 者	王玉琳　华祖林　汪 靓 著
出版发行	中国水利水电出版社 （北京市海淀区玉渊潭南路1号D座　100038） 网址：www.waterpub.com.cn E-mail：sales@mwr.gov.cn 电话：(010) 68545888（营销中心）
经 售	北京科水图书销售有限公司 电话：(010) 68545874、63202643 全国各地新华书店和相关出版物销售网点
排 版	中国水利水电出版社微机排版中心
印 刷	天津嘉恒印务有限公司
规 格	170mm×240mm　16开本　8.5印张　171千字
版 次	2023年12月第1版　2023年12月第1次印刷
定 价	**49.00元**

凡购买我社图书，如有缺页、倒页、脱页的，本社营销中心负责调换

富营养化模型是研究湖泊、水库、河流等水体富营养化状态，预测其发展过程和趋势的重要工具。富营养化模型参数估计的准确性对模拟效果有着重要影响。湖泊富营养化模型通常包含数百个难以直接获取的参数，这直接影响模型的结果。众多参数的存在使模型的人工率定难以实现，因此十分有必要对模型进行参数敏感性分析，识别模型的关键参数，对模型关键参数进行优化确定。相比较模型求解以及应用等研究的繁荣，模型参数方面的研究仍相对较少，对模型参数系统性的研究鲜有报道。

本书共6章，系统研究了湖泊富营养化模型参数。第1章绪论，主要介绍了研究背景与意义、富营养化模型研究进展、模型关键参数估计方法研究进展、研究区域富营养化研究进展、目前存在的问题、本书主要研究工作。第2章研究区域水动力-富营养化模型，主要介绍了研究区域概况，以富营养化湖泊——巢湖为例，结合巢湖水环境特点建立了巢湖水动力-富营养化模型。第3章富营养化模型参数筛选和敏感性定量研究，针对构建模型参数众多，运用本研究提出的改进的Morris方法筛选出模型重要参数；基于参数筛选结果，开发了巢湖富营养化模型大数据分析平台，构建了巢湖二维富营养化模型的代理模型，极大地提高了计算效率。在此基础上，对巢湖二维富营养化模型参数的敏感性进行分析，揭示了巢湖富营养化模型参数敏感性在蓝藻不同生消时期和空间分布的特征，解析得到巢湖富营养化模型的关键参数。第4章基于抗噪多目标粒子群优化的关键参数值确定，介绍了本研究提出的抗噪多目标粒子群优化算法，对算法进行测试和比较，并用于富营养化模型关键参数的优化确定。第5章基于非劣解的参数多目标最大概率估计，针对参数具有不确定性的问题，用参数多目标不确定性分析方法研究了关键参数的不确定性，并结合自助法给出了关键参数的最大概率取值及其 95% 置信区间。第 6 章系统概述了主要结论以及展望未来富营养化模型及参数研究的主要方向。

　　本书对湖泊富营养化模型参数敏感性、优化及不确定性进行了深入研究，提出了一套"模型构建-数据分析平台-参数敏感性-优化确定-不确定性"的研究体系。本书主要内容来源于作者近年的研究，特别是王玉琳博士期间及后续研究工作。本书第 1~3 章由王玉琳撰写，第 4~5 章由王玉琳、华祖林、汪靓撰写，第 6 章由王玉琳、汪靓撰写，全书由王玉琳统稿。本书的出版得到国家自然科学基金资助项目"硫输入与脉冲性水动力协同对稻田排水沟渠氧化亚氮释放的影响机制"（项目编号：51909230）、国家博士后基金面上项目"排水沟渠 N_2O 通量对稻源硫胁迫的响应及其控制路径研究"（项目编号：2019M661948）、江苏省水利科技项目"里下河地区洼地治理技术集成与应用"（项目编号：2020011）、国家自然科学基金重点项目"平原河网典型全氟化合物输移分异机制及多尺度耦合模拟研究"（项目编号：51739002）等项目的资助。

　　由于富营养化模型参数的研究涉及敏感性分析、优化确定、不确定性分析等多个方面；涉及环境、数学、水文、气象、统计学以及计算机科学等多个学科的知识，再加上作者水平有限，书中不足之处在所难免，如有不妥之处，敬请各位同行和广大读者批评指正。

作者

2023 年 5 月于扬州

目录

第 1 章

绪　　论

1.1　研究背景与意义

淡水湖泊是人类主要的淡水来源之一，与人类的生活生产密切相关，具有重要的生态系统服务功能。湖泊富营养化（eutrophication）是湖泊水体在自然环境因素、人类行为活动的驱动下，氮、磷等营养元素大量输入，使湖泊生态系统的生产力水平从低向高不断增加的过程。在自然条件下，湖泊要经历产生、发展和衰老，即湖泊状态从初始的贫营养化逐步过渡到富营养化状态，直至湖泊消亡。在没有人类参与的情况下，湖泊自然状态演变过程非常缓慢，需要经历数百万年甚至千万年；受到人类行为的影响，湖泊的演变过程会极大地加快，即人为富营养化[1]。人为湖泊富营养化问题日益突出，已成为全球性的生态环境问题。目前我国大多数湖泊，尤其是我国淡水湖泊最为集中的长江中下游地区，绝大多数湖泊都已处于富营养化状态[2-3]。湖泊富营养化将会诱发一系列严重的生态环境问题，如湖泊水体中蓝绿藻、硅藻等呈现大规模繁殖的现象，其他水生植物大量消亡，生物多样性下降，加速湖泊水生态系统退化，威胁人类饮用水安全等。

面对湖泊富营养化这一世界性的水污染难题，世界各国都高度重视，众多学者对其发生机理进行深入的研究，制定并提出了相应的应对措施[4-6]。湖泊富营养化的研究，主要从野外观测、理论研究、室内实验和数值模型等方面进行。其中，数值模型通过率定和验证后，通常可以真实地反映湖泊生态系统中各种过程，以更小的代价，客观、全面、快速地获得湖泊生态系统中各变量的迁移转化规律，是湖泊生态系统健康评价和水污染控制策略开发的重要工具。

湖泊水生态系统的数值模型是将湖泊作为一个系统，利用微分方程、经验公式等数学工具描述湖泊水生态系统中的物理、化学和生物过程等环境变量之间的相互作用，以此来反映湖泊生态系统及其富营养化的进程。模型构建的关键步骤包括模型结构的确定、选择关键过程的数学描述、关键参数的识别选择、

1

模型率定和验证。

不同湖泊的生态系统，反映系统关键特征的过程并不相同。因此，建立数值模型的第一步就是基于对该湖泊系统的了解，结合观测数据情况分析，寻找控制该湖泊生态系统的物理、化学和生物的关键过程，以此构建简单而又足以描述关键过程的概念模型。这一步骤是为了防止数值模型包含过多的无关变量，从而给模型率定、验证和应用带来巨大的困扰。同时，非关键过程的存在也可能给重要过程的识别带来困难。该步骤对构建结果准确、结构合理的生态模型具有至关重要的作用[7]。

在富营养化模型构建中，由于变量之间转化过程多数是非线性的，难以获得反映这些关键过程精确的数学表达式，且描述关键过程的数学表达式可能根据特定区域实地观测而不相同，因此数学表达的形式往往具有强烈的湖泊特征。数学表达的选择是将湖泊富营养化概念模型数学化的关键步骤之一，其决定了模型的解释力及其结果的可信度。

湖泊富营养化模型的数学表达式通常包含大量的参数，除一小部分参数反映了模型变量间的普适规律外，其值基本固定。模型中大部分参数的值是根据湖泊水质特点、实测资料及所研究问题的特性在一定范围内调节的。这些参数取值选择对模型的模拟结果精度起着重要作用。在实际中，湖泊富营养化模型中的参数过多而难以直接率定和验证，所以利用敏感性分析方法确定湖泊模型的关键参数是建立模型的重要步骤。

模型的率定和验证是模型准确用于实际湖泊生态系统预测的关键步骤。模型的率定是调整模型参数使得模拟结果和观测数据的误差达到最小或达到可接受的范围。模型参数的设置除少部分通过野外观测和实验获得具体的值或范围；其余大多数参数由于技术手段、经费等方面的限制或因为概化而来无法直接获得，所以多数依赖于建模者的经验。随着模型中参数维数的不断增加，这种人为的手动率定过程将变得越来越困难。运用优化理论实现模型参数的率定可以更加客观、高效和准确。模型的验证是将校准后的模型用另一组数据进行测试，来验证模型再现水生态系统的能力。模型验证本质上是衡量模型"泛化"能力，用于防止模型对率定状态的"过拟合"。

以上四个步骤是建立正确的富营养化模型的关键，但是这四个步骤并不是按顺序执行的。建立模型的过程是复杂的，这四个步骤需要根据建模实际情况调整、循环，直至建立一个令人满意、能够解决问题和反映特定湖泊生态系统结构和变化的富营养化模型。

巢湖是我国五大淡水湖泊之一，其水质对于巢湖周边地区供水安全具有重要意义。湖泊富营养化已成为巢湖主要的环境问题，因此构建适用于巢湖的富营养化模型，深入研究模型参数的敏感性和优化确定，实现对巢湖富营养化模

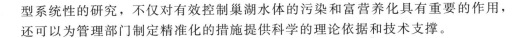

型系统性的研究，不仅对有效控制巢湖水体的污染和富营养化具有重要的作用，还可以为管理部门制定精准化的措施提供科学的理论依据和技术支撑。

1.2　富营养化模型研究进展

从 Steeter 和 Phelps 提出 BOD - DO 水质模型开始，水环境模型至今已发展近百年。作为水环境模型的重要分支，富营养化模型按照建立方式可以分为唯象模型和过程模型。

1.2.1　唯象模型进展

唯象模型是从实际观测到的环境数据出发，建立环境变量彼此间的定量关系。除了少量的经验以外，模型没有使用关于湖泊的任何先验过程信息，模型只基于试验或观测数据建立，因此，也被称为"数据驱动"模型。

唯象模型包括很多类型，从简单的线性回归模型到复杂支持向量机模型等。早期的唯象模型集中于利用简单的统计学模型研究叶绿素 a、总氮、总磷及透明度、水深等变量之间的关系。这方面的研究非常多，如 Sakamoto[8] 研究了日本湖泊中总氮、总磷与叶绿素 a 之间的回归关系，发现湖泊中的氮磷比会影响这三者彼此的关系。此后 Van Nieuwenhuyse 等[9] 研究了北温带水体中叶绿素 a 与总磷的回归关系。Riley 等[10] 研究了加拿大分层和非分层湖泊中叶绿素 a 与总磷的关系。Westlake[11] 研究了欧洲水库中活度系数与浮游植物生物量之间的关系。在国内类似的研究也很多，如白晓华等[12] 研究了太湖不同区域水深与叶绿素 a 的回归关系等。总的来说，这类方法的研究成果浩如烟海，不胜枚举。

这些研究虽然可能夹杂着诸如突变理论等数学方法，但总体上是以各种统计学方法为主的研究。相比于其他类型的方法，统计学模型无论是理论或实践应用都较为成熟；但这类模型大多只能研究环境变量间的相关关系，而难以真正地推测变量间的因果联系，这是此类方法的缺陷和不足。

随着计算机运算能力的飞速发展和数学理论的进步，以神经网络、支持向量机、遗传算法等方法为主的机器学习模型被运用于水环境领域[13]。其中，神经网络在 20 世纪 60 年代被提出，但运用于水环境领域时间较晚，直到 90 年代末才有学者陆续运用神经网络方法处理诸如水华预测之类的问题。此后神经网络模型在水质预测与模拟领域得到飞速的发展，并与遗传算法、马尔可夫链等理论结合。作为神经网络在机器学习领域的直接竞争对手，支持向量机算法也随之进入水环境模型领域，并被广泛运用于水质的评价和预测等工作。

与严格的统计学模型相比，机器学习模型更多基于学者对自然过程的观察并从中获得启发，从而创造了大量的机器学习模型。一般来说，这类方法的理论难度远高于以回归方法为主的统计模型，甚至有些方法的理论基础迄今并不完善。这类方法虽然有具体的算法，但人们并不完全清楚计算过程中模型的演化过程，因此这类模型是标准的"黑箱模型"。在理论和实现复杂度极大提高以后，机器学习算法带来的主要优点是它们摆脱了回归假设的束缚，从而对复杂的、非线性的环境变量之间的关系有更好、更高精度的描述。

总之，"数据驱动"模型在水环境管理和治理的实践中得到广泛的应用，但这类模型的建立几乎完全依赖于观测或实验得到的数据，较少考虑变量之间的因果关系，因此难以用于研究环境变量间深层次的转化机制。

1.2.2 过程模型进展

富营养化的过程模型是以复杂的物理、化学和生物理论为基础，并利用水环境系统内部先验的过程信息而建立的模型。在数学方法上，过程模型主要运用微分方程辅以少量的数理统计方法刻画水环境的演变过程。根据富营养化模型的复杂程度主要包括营养盐-生态模型、水动力学-营养盐-生态模型和多介质耦合模型。

1.2.2.1 营养盐-生态模型

营养盐-生态模型主要是基于引起水体富营养化的元素碳、氮、磷、氧等物质在不同形态间转化和循环过程而建立的。早期的这类模型主要关注单一元素在外部水环境中迁移和转化过程，当前的营养盐-生态模型则聚焦于循环过程中的浮游动植物。

Vollenweider[14] 模型是单一营养盐模型的典型代表，其本质上是湖泊中磷的长期平衡方程。Vollenweider 模型有许多改进形式，比如 Kirchner 和 Dillon[15] 引入滞留系数，克服了滞留在湖泊中污染物的沉积速率难以测定的难题。由于夏季水体的温度分层会对湖泊水质的垂向分布产生影响，Klapwijk 和 Snodgrass[16] 提出了分层箱式水质模型，考虑了上下层水体之间紊流扩散的影响。Malmaeus 和 Håkanson[17] 构建了刻画湖泊生态系统动态变化的 LEEDS（lake eutrophication effect，dose，sensitivity）模型，该模型水体部分可分为上层水体和深层水体，并考虑了泥沙侵蚀、输运的区域以及泥沙淤积的区域。Carpenter 等[18] 认为湖泊中磷浓度受到底泥中的磷与水体中磷之间交换过程的影响，在此基础上 Srinivasu[19] 构建了刻画湖泊中水体与底泥之间磷的动态变化模型，通过研究两者之间的非线性交互作用来揭示湖泊关键行为的变化。此类模型虽然引入了质量守恒、元素转化等原理，但还有众多的经验原理。

生态-富营养化模型中具有代表性的是 Glumsø 模型[20]，该模型共有 17 个状态变量，描述了整个食物链中营养物质的循环，并考虑了藻类细胞中的营养盐。其中，藻类的生长过程分成两个阶段，即营养物质的摄取和生长，其可以更好地刻画营养富集过程中生态系统对季节变化的响应。Glumsφ 模型已经用于 25 个不同案例的研究中，说明了该模型的通用性。Benndorf 和 Recknagel[21] 开发了适用于湖泊和水库的 Salmo 模型，该模型将水体分为两层，考虑了三组浮游植物和两组浮游动物，但有 138 个参数，这使该模型验证比较困难。Gamito 和 Erzini[22] 运用自上而下的建模方法构建了一个生态系统的平衡营养食物网模型，该模型有 14 个组分，包括初级生产者、鱼类、碎屑等，并研究了这些组分与食物链的 6 个营养水平之间的关系。Puijenbroek 等[23] 将营养负荷模型 Lake-Load 与生态模型 PCLake 相结合，计算了荷兰约 40 多个湖泊的水和营养平衡以及湖泊内的营养盐浓度和生态过程；其中，LakeLoad 模型的输出作为 PCLake 模型的输入，而 PCLake 模型则计算湖泊中的营养盐、叶绿素 a、浮游植物和沉水植物的生物量以及水体和沉积物中营养盐的分布和通量。比较著名的生态模型还有 CE－QUAL－ICM 模型[24]，该模型是在研究美国切萨皮克湾（Chesa-peake Bay）时由 Cerco 和 Cole 开发的，用于反映和描述水体的富营养化过程；模型有 22 个状态变量，包括溶解氧、不同类型的藻、碳、氮、磷和硅；还包括一个可以描述底栖生物过程的子模块，可以计算沉积物-水的氧和营养盐通量。此外，AQUATOX 模型[25] 也是最常用的水生态模型，该模型最大的特点之一是可以模拟鱼类、水生生物、水生植物的生物过程并进行生态风险评价。

营养盐-生态模型通常将水体作为一个整体或几个部分（箱式模型）进行研究，假定其内的水体是充分混合的。它们不利用水动力学方程来计算流速等水力学变量，而是利用水量平衡方程计算进出箱体的水量及营养盐通量。这类模型的优点是原理简单、计算量小、编程容易、使用方便。这类模型通常对模型中的生态变量和环境变量之间的关系考虑较为精细；但主要缺点是缺少水动力的方程，不能细致考虑空间异质性，计算精度普遍不高。

1.2.2.2　水动力学-营养盐-生态模型

水动力学-营养盐-生态模型的构建以水动力学等理论为依据，以简化版本的 Navier－Stokes 方程组、对流扩散方程、热量平衡方程为基础，模拟生态系统中各变量在时间、空间位置上的变化和循环过程。这类模型可以精细地描述水生生态系统中的物理、化学、生物过程在时间-空间中的变化，所以可以更好地研究水体富营养化的发展过程；并对水体污染物的排放、藻类的暴发等问题做出有效的预测。这类模型通常需要较大的计算量，所以它们是随着计算机技术的快速发展而逐步开发的。

美国国家环境保护局（EPA）开发的 WASP（water quality analysis simula-tion program）模型[26] 是地表水模拟中广泛应用的模型。它可以模拟常规污染物和有毒污染物在水生生态系统中的迁移转化过程。模型由三个独立运行的子模块构成：DYNHYD、EUTRO、TOXI。其中 DYNHYD 为一维水动力模块，可以为 WASP 提供所需要的水动力参数；EUTRO 是富营养化模块，其分为四个相互联结的子模块：磷循环、氮循环、溶解氧平衡和浮游植物动力学模块；TOXI 是毒物模块，主要模拟有毒物质的迁移转化。国内外的许多研究者基于 WASP 模型开展了机理性和应用性的研究。如 James 等[27] 研究了美国佛罗里达州奥基乔比湖（Okeechobee Lake），将原有的 WASP 模型进行修改，增加了无机悬浮物，使模型包含了水和沉积物之间的无机悬浮物以及无机和有机营养物质的通量，提高了营养物质和叶绿素 a 的预测精度。Ernst 等[28] 基于 WASP 模型研究了锡达河（Cedar Creek）水库的富营养化控制问题；他们研究了来自不同营养源负荷的影响，结果表明需要结合流域和内部营养负荷控制 Cedar Creek 水库的富营养化。朱文博等[29] 运用 WASP 模型研究了不同时段的河道曝气对于河流水质的改善作用。田勇[30] 以 WASP 模型作为基础，研究了湖泊中营养元素的迁移转化规律以及同外界环境、水生生物的相互关系。WASP 模型在水质方面非常细致，但沉积物的模拟程序较为简单且其自带的 DYNHYD 模块只能提供一维水动力模拟结果，若需要多维水动力模拟则要依靠其他模型结果的输入。

　　荷兰 WLDelft Hydraulics 开发的大型软件 Delft3D 模型[31]，是目前国际上较为先进的生态水动力模型。Delft3D 模型包括水动力、水质、波浪、生态、泥沙输移、颗粒跟踪和动力地貌等七个模块，其采用 Delft 计算格式，快速稳定，还带有丰富的水质和生态过程库可以迅速构建所需的模块。该模型可以模拟多种营养盐、有机物、重金属、微生物、DO、pH 值、氯化物等的迁移转化。目前，Delft3D 模型已经在世界各国得到非常广泛的应用，如 Los 等[32] 运用该模型评价了北海（North Sea）的生态状况和管理战略潜在的影响。Chen 等[33] 基于 Delft3D 模型建立了综合的数值模糊元胞自动机模型，并利用该模型对荷兰沿海水域可能暴发的藻类水华进行预测。Chen 等[34] 运用 Delft3D 模型建立了淀山湖的水动力和水质耦合模型，并模拟了不同季节的藻类生长情况，确定了各个时期的藻类的优势种类。

　　环境流体动力学模型（environmental fluid dynamics code，EFDC)[35] 也是由美国国家环境保护局支持开发，是美国最大日负荷总量（total maximum daily load，TMDL）计划推荐的主要水环境模型之一。该模型适用于湖泊、水库、海湾和河口等多种水体，可以根据需要进行一维、二维和三维的流场、物质输运、生态过程的模拟，迄今已经在世界各国得到广泛的应用。该模型包含水质模块、水动力模块、毒物模块和泥沙模块等 6 个模块。其中，水质模块就涉及 4 种形态的磷、5 种形态的氮、2 种形态的硅、4 种藻类和 3 种形态的碳、溶解氧、化学需氧量等。该模型成熟的沉积物成岩模型可以描述水体与底泥之间的相互作用。在水平方向上，EFDC 可以在笛卡儿网格或曲线正交网格上应用二阶精度的有限

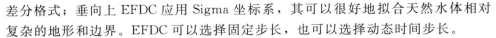

差分格式；垂向上 EFDC 应用 Sigma 坐标系，其可以很好地拟合天然水体相对复杂的地形和边界。EFDC 可以选择固定步长，也可以选择动态时间步长。

EFDC 模型在实际应用中，较为典型的是美国佛罗里达州奥基乔比湖（Okeechobee Lake）富营养化模型的建立。Jin 等[36] 运用 EFDC 模型对 Okeechobee 湖的水动力、水质、风浪与泥沙等过程进行研究，无论是水动力还是水质方面的模拟都获得满意的结果。通过对这个案例的研究，EFDC 模型的水质模块趋于完善。另一个较为著名的案例是研究海水入侵对南佛罗里达州东海岸圣露西河口（St. Lucie Estuary）的生态影响[37]。EFDC 模型成功地预测了流量和侧流入口对 St. Lucie 河口盐度分布的影响，研究表明冲刷时间影响河口水动力和水质过程，是描述河口物质输运的有用指标。在国内，陈异晖[38] 运用 EFDC 模型模拟了滇池的水温、总氮和总磷的浓度变化，并得到了理想的结果。杨澄宇等[39] 基于正交设计和 EFDC 模型研究湖泊流域污染物总量控制。华祖林等[40] 运用 EFDC 模型研究了巢湖生态调水工程对湖泊水质的影响。齐珺等[41] 运用 EFDC 模型研究了长江武汉段悬浮泥沙的输移过程，讨论了长江枯水期和丰水期悬浮泥沙的浓度分布。

有限体积海洋模型（finite volume coastal ocean model，FVCOM）是基于无结构网格的有限体积方法的模型[42]。目前，该模型包含很多模块，如干湿模块、沉积模块、表面波模型、非静压模型、湍流闭合模型、水质模块、海冰模块等。FVCOM 使用的有限体积方法吸收了有限元方法与有限差分方法的优势，更有益于保证复杂几何结构河口等水体在计算过程中质量、动力以及能量的守恒。在水平方向上，FVCOM 运用非结构网格对水平计算区域进行空间离散，且可以对关注区域的网格实行加密操作，因此可以更好地拟合复杂的边界。FVCOM 水平和垂向湍流计算分别使用 Smagrinsky 和 Mellor - Yamada 2.5 阶湍流闭合模型。此外，该模型还开发了 MPI 并行版本，可以在大型计算机和集群上实现并行运算，增强模型的计算效率。目前，FVCOM 模型已经在国内外的河口海岸区域得到广泛的应用。在国内，欧阳潇然等[43] 运用 FVCOM 对太湖梅梁湾夏季水温以及水中溶解氧日变化和垂直分布进行模拟，结果表明对水温分层影响较大的是太阳辐射和风速；浮游植物造氧和耗氧对该地区溶解氧的生物-化学过程起着决定性的作用。曹颖等[44] 基于 FVCOM 构建了一个三维温排水对流扩散模型，并将其用于近岸海域温排水对流扩散过程的模拟研究。

水动力学-营养盐-生态模型能够充分地考虑各环境和生态变量在大型湖泊、水库及海洋等水体中不同区域的空间异质性和在垂向分布上的不均匀性；对制定水体的精准化管理策略有着非常重要的作用。随着计算机运行速度的飞速发展和计算效率的快速提高，水动力学-营养盐-生态模型已成为水环境模型的主流。这类模型依赖于偏微分方程的求解，其程序的编制过程非常复杂。此外，为了使模型具有通用性，这类模型对于水环境过程的考虑往往过于精细，从而造成模型额外的复杂性和求解困难。目前的研究重点在于开发适合特定研究目的，符合研究水体环境特征，繁简适宜的模型。

1.2.2.3　多介质耦合模型

随着水环境研究领域及研究对象扩张，富营养化模型也呈现出与其他介质模型耦合的趋势。目前多介质模型主要指以水体为核心，大气、流域、水体和沉积物等不同介质和尺度范围的模型相互耦合而形成的综合模型。当然，这类模型的着眼点和落脚点还是多介质中污染物质、边界条件和模型驱动力的变化对水体环境和生态的影响。

沉积物模型与水环境模型的耦合迄今已经得到快速的发展，学者们对湖泊内源污染已进行了大量深入的研究。很多水动力学-营养盐-生态模型经过发展都已经纳入沉积物模块，如 EFDC、Delft3D、FVCOM 等模型。这些模型中的沉积物模块在复杂程度上有所区别，有简单定义营养盐在底泥的释放量，也有详细描述水与底泥之间营养盐的动态变化过程。

为了对流域面源污染实施有效的控制，流域模式和受纳水体模式相结合的模型得到发展。如联合国环境规划署（United Nations Environment Programme，UNEP）与国际湖泊环境委员会（International Lake Environment Committee，ILEC）联合开发的富营养化模型 PAMOLARE[45] 中已经包含了一个流域模型，并发现运用流域模型的结果很容易估计湖泊模型中的营养盐负荷。王晓青等[46] 将一个流域尺度的分布式模型 SWAT（soil and water assessment tool）与 MIKE21 相耦合，对澎溪河流域输沙量、氮磷等污染物负荷进行模拟研究，得到的模拟结果与实测结果具有较好的一致性。Shabani 等[47] 将 SWAT 模型与 CE－QUAL－W2 模型耦合研究模拟了魔鬼湖（Devils Lake）流域的水质和硫酸盐浓度，并提出缓解 Devils 湖水位和雪延尼河（Sheyenne River）水质恶化的方案措施。Liu 等[48] 将流域水文水质 HSPF（hydrological simulation program－fortran）模型与 EFDC 相耦合，对圣路易斯湾（St. Louis Bay）河口和流域进行研究，模拟得到了合理潮差、相位，且水温、盐度与观测值都具有较好的一致性。Fragoso 等[49] 将流域模型（IPH－Ⅱ）和富营养化模型（IPH－TRIM3D－PCLake）相耦合并预测和评价了不同情境下的土地利用、灌溉用水和气候变化的空间效应。Park 等[50] 将 WASP 模型与 SWAT 模型相结合，研究了气候变化对忠州湖（Chungju Lake）富营养化进程的影响，结果证实了气候变化将会导致湖泊富营养化因素的变化，进而促进藻类的生长以及水生生态系统发生变化。

由于气候因子会直接或间接影响水体中营养物质的循环过程，气候因子对水生生态系统的结构和功能产生深远影响，影响水体的富营养化进程。因此，将气候模型与水环境模型相耦合来模拟和预测不同气候情景下，水资源水质和生态系统的响应变化，有利于更深入研究和分析湖泊等水体富营养化的演化过程和趋势；但在传统的水体、底泥与流域耦合模型中，光照、降雨等气候因子都是作为外部条件输入的，而不是作为模型直接计算的结果，导致无法对气候因素进行精细的模拟。真正的气候-富营养化模型的研究较少，王文兰等[51]利用气候 WRF 模式，对太湖在 2007 年两次暴发的蓝藻水华进行较高精度的模拟，研究近地面的风速和风向对蓝藻水华的活动范围、覆盖面积的影响。Malmaeus 等[52] 将区域气候模型 （regional climate model，RCM） 同湖泊物理模型 PROBE 及 LEEDS 模型相耦合，研究了瑞典中部的 Erken 湖和 Malaren 湖的两个盆地 （Galten 和 Ekoln） 在两种气候情景下的生态响应，结果表明相比换水周期较短的水体，水力停留时间较长的水体对气候变暖更加敏感，其可能会面临磷含量大量增加的问题，从而使富营养化问题变得更加严重。

1.3　模型关键参数估计方法研究进展

富营养化模型涉及的过程复杂繁多，建模的数学化过程必然带来数以百计的参数。模型的参数估计可分为两个步骤：参数的识别性分析和参数的优化确定。无论是参数的识别性分析或是参数的优化确定都需要数以千计甚至上万次的模型计算，这种计算效率对于计算时间动辄以小时甚至以天为单位的富营养化模型是不可接受的。因此，运用代理模型方法提高计算效率，减少计算时间成为必然的选择。

1.3.1　参数的识别性分析

由于建模过程中的"过度参数化"倾向，模型涉及的环境变量个数比参数的数量小一至两个数量级。同时，环境变量的观测资料相对匮乏，能够获得的信息量不多。而在模型率定过程中应用的目标函数如"均方根误差""相对误差"等评价标准不能充分利用本就不多的观测信息。这使确定参数的信息量严重不足，进而导致很难唯一地确定最合适的参数组，即异参同效现象。产生"异参同效"现象的根本原因在于参数的估计是不适定问题，而这种现象的存在严重制约模型的应用。为了缓解"异参同效"的问题，必须对模型的参数进行识别分析。

模型参数的识别性分析分为两大类：一类是参数敏感性分析，其直接分析参数的变化对模型结果的影响；另一类是参数的不确定性分析，其侧重分析观测数据中信息的输入对减小模型参数不确定性的作用。两者的主要区别：①参数敏感性是通过识别敏感参数，减少不重要参数的个数来抑制异参同效现象；

而参数不确定性分析是通过减小参数的取值范围来抑制异参同效现象。②参数敏感性分析仅依赖于模型的计算值，而参数不确定性分析实质上依赖于观测值信息的利用，即观测值的加入对确定参数值的影响[53]。

1.3.1.1　参数的敏感性分析

富营养化模型数以百计的参数中，仅有少数参数对模型输出具有显著的影响，因此，模型的率定与验证也只需要针对少数敏感参数。敏感性分析是运用模型手段分析识别对模型有重要意义的关键参数。此外，除了对模型建立有重要作用，富营养化模型的关键参数还对富营养化机理的研究有重要意义。

敏感性分析方法可以分为局部敏感性分析（local sensitivity analysis，LSA）方法和全局敏感性分析（global sensitivity analysis，GSA）[54,55]方法。LSA 方法衡量单个参数在局部邻域的变化对模型输出结果的影响，常用的 LSA 方法主要是偏导数法（partial derivative‐based method）。偏导数法通过计算参数在模型输出特定基点上的偏导数来进行敏感性分析，该方法只能评价单个参数变化对模型输出响应结果的影响，而且主要受限于参数取值邻域内的可导性要求，在计算上非常低效，不能评价参数间的相互作用。GSA 方法可以克服 LSA 方法的局限性，其可以衡量因子间的相互作用。GSA 方法的缺点是计算量较大，所以在复杂的富营养化模型中应用较少。GSA 方法主要包括回归分析法、Morris 方法与基于方差分解的方法。

回归分析法通过构建输入参数与模型输出的回归方程并运用获得的评价指标如标准回归系数、偏相关系数以及标准秩回归系数等来评价输入因子对模型输出结果的敏感性。回归分析方法的优点是能实现模型所有输入同时影响模型输出时，对每个输入因子的敏感性进行评价；但当模型为非线性或非单调时，该方法的效果通常不理想。He 等[56]运用回归分析法研究了 Snow 模型参数的敏感性。李一平等[57]运用标准秩逐步回归方法对 EFDC 模型水动力模块中的 5 个重要参数进行敏感性分析。Muleta 等[58]利用逐步回归分析法研究了 SWAT 模型参数的敏感性。

Morris 方法是目前最为常用的敏感性方法之一，该方法最初由 Morris[59]于 1991 年提出，其通过计算每个参数的基本效应（element effect，EE）在不同取值上的数学期望而得到参数的敏感性，同时用 EE 的方差代表参数与其他参数的相互作用。原始的 Morris 方法中，参数的基本效应 EE 可以为负值，从而在求数学期望过程中相互抵消，使得参数敏感性的结果产生偏差。为了避免符号导致的偏差，Campolongo 等[60]对 Morris 方法进行修正，提出用 EE 绝对值的数学期望代替 EE 的数学期望。目前运用的主要都是经过修正的 Morris 方法。

Morris 方法的优点是理论简单，适用于包含较多参数的复杂模型，仅通过较少的模型评价就可以获得模型参数的敏感性排序，识别筛选出对模型重要的参数。目前，Morris 方法已经广泛用于各类模型的敏感性分析中。如 Ciric 等[61] 利用 Morris 方法研究了水生生态系统模型中参数的敏感性。Salacinska 等[62] 运用 Morris 方法研究了二维 GEM 模型对于藻类暴发的敏感参数。King 等[63] 以澳大利亚供水系统为例，用 Morris 方法研究了城市供水量估计中输入变量的重要性。Yang 等[64] 利用该方法对分布式水文模型 WetSpa 进行参数敏感性分析。伊璇等[65] 运用 Morris 方法对构建的滇池水动力水质模型的参数及外部驱动力进行敏感性分析，确定模型的控制因子对模拟结果的影响。王玉琳[66] 运用 Morris 方法研究了氮磷比对湖泊富营养化模型参数敏感性的影响。Morris 方法的缺点是它只能评价每个参数对单个模型输出的影响，而不能评价一个参数或包含多个参数的一组参数对多个模型输出的影响。

基于方差分解的方法是利用各个因素的方差贡献率来评价参数的敏感性。该类方法采用一阶敏感性指数和总敏感性指数计算参数的敏感性。一阶敏感性指数反映了单个参数对模型输出结果的贡献；总敏感性指数则反映了单个参数及其与其他参数组合对模型输出结果的共同贡献。总敏感性指数与一阶敏感性指数的差则可以表征参数之间的相互作用。基于方差分解的方法主要包括 Sobol 敏感性定量分析方法和 EFAST（extended fourier amplitude sensitivity test）法[67]。这些方法基本都需要蒙特卡罗采样（Monte Carlo sampling）辅助，因此该类方法计算量非常巨大，个人计算机难以承受复杂模型的敏感性分析；但在计算量较少的模型中，则经常被运用。如 Vazquez - Cruz 等[68] 利用 Sobol 和 EFAST 两种方法分析了作物模型 TOMGRO 的最敏感参数。Morris 等[69] 研究了一个北海生态系统模型 StrathE2E 中对鱼类生物量和贝类的影响因子，他们首先运用 Morris 方法来筛选出对模型输出影响较大的参数，然后运用 Sobol 方法对筛选出的参数进行定量的敏感性分析。宋明丹等[70] 分别运用 Morris 方法和 EFAST 方法研究了 CERES - Wheat 模型参数的敏感性。

1.3.1.2 参数的不确定性分析

模型的不确定性很难被精确定义，但其来源主要是随机性。模型不确定性分析的方法主要有区域灵敏度分析（regionalized sensitivity analysis，RSA）法、广义似然不确定性估计（generalized likelihood uncertainty estimation，GLUE）法和贝叶斯-蒙特卡罗模拟等[71-72]。在水环境模型中应用的不确定性分析方法主要是 RSA、GLUE 及它们的修正和改进。这些方法都是基于贝叶斯理论，利用先验分布与似然推断后验分布。其中，RSA 方法是将强硬的优化条件进行弱化，用一些定量或定性语言描述的条件来判定参数的取舍。该方法是事先设定条件，如果模拟结果满足该条件，则对应的参数可接受，否则不可接受。RSA 方法首先利用蒙特卡罗采样来获得参数集；然后将参数进行模型模拟，以一定的条件对参数进行二元划分即行为参数和非行为参数；最后利用边缘累积分布等方法评价参数对模型输出结果的影响。该方法结果非常直观，操作性强。GLUE 方法结合了 RSA 方法与模糊数学法的优点，又避免了 RSA 将参数集进行二元划分的缺点。该方法认为模型的模拟结果越接近于观测值，则相应的参数取值的可信度就越高。该方法以拟似然函数表示参数取值的可信度。不确定性分析可以避免使用单一的最优参数进行模型预测所引发的风险。

目前富营养化模型参数不确定性分析的研究仍较少。张质明[73] 运用蒙特卡罗方法对 WASP 模型的参数和模型结构进行不确定性分析和研究。伊璇等[65] 对滇池三维水动力水质模型的参数和外部驱动力条件进行不确定性分析。李志一[74] 对龙津溪流域水环境多耦合模拟系统的不确定性进行研究，并探讨了时间、空间划分方式差异对耦合系统不确定性的影响。

1.3.2　模型参数多目标率定研究

模型参数值的准确选取是模型正确反映真实系统变化过程的关键，对模拟结果有着重要影响。通常模型参数的率定是通过调节参数的取值使模型模拟值与观测值的误差达到最小，其本质上是参数的优化过程。模型参数的率定方法可分为手动试错法和自动率定法。其中，手动试错法是常用的方法，但其强烈依赖于建模者的经验知识，当模型的复杂性增加时，这种方法越来越难以应用。近年来随着计算机技术的快速发展，越来越多的研究者开始关注和开发各种自动率定程序[75]。然而，富营养化模型是基于偏微分方程的，运行时间较长。因此，目前水体富营养化模型参数的自动率定研究仍较少，迫切需要模型参数的自动率定程序和方法。

多数模型率定的经验表明单一的目标函数不足以正确反映环境特征，因此，富营养化模型的率定应该同时考虑超过一个目标的自动率定，即多目标的自动率定。多目标自动率定的实质可以转化为求解多目标优化问题，而常用多目标的最优解定义是基于 Pareto 最优解集[76]。但是，目前水环境模型参数多目标自动优化的研究大多是将多个目标转化为单目标的优化问题。这类方法的优点是可以利用一些较成熟的单目标优化算法，但为了获得 Pareto 最优解集，通常需要进行多次运行优化程序，所需的计算耗费对于复杂模型而言难以接受。

大量研究表明，进化算法可以有效地求解多目标优化问题。相比经典的优化方法，该类算法不依赖于问题的梯度信息，也不敏感于目标函数是否是连续的、可微分的，所以进化算法特别适合于多目标优化问题的求解。主流的进化算法有遗传算法（genetic algorithm，GA）、进化规划（evolutionary programming，EP）、进化策略（evolution strategy，ES）和群体智能算法（swarm intelligence algorithm，SI)[76-78]。这些主流的进化算法包括各种分支，其中粒子群优化算法（particle swarm optimization，PSO）是一种是受鸟类寻找食物和其

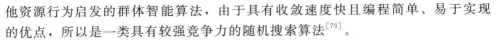

他资源行为启发的群体智能算法，由于具有收敛速度快且编程简单、易于实现的优点，所以是一类具有较强竞争力的随机搜索算法[79]。

为解决多目标优化问题，许多学者已经开发各种多目标粒子群优化（multi-objective particle swarm optimization，MOPSO）[80]。在求解多目标优化问题中，多目标粒子群优化算法需要考虑以下三个方面来改进解的质量：其一是如何正确重新定义粒子的全局引导者（global best guide，gbest），gbest 作为种群中每个粒子的全局最好位置，直接影响算法的搜索能力和收敛速度。目前，一些更新 gbest 的方法主要基于粒子拓扑结构，比如 Sigma 方法、最小粒子角度法，生境机制、拥挤距离测度及其形变、动态邻域策略等。此外，个体引导者（personal best guide，pbest）作为粒子个体最好的位置也是比较重要的，其记录着粒子的历史最佳位置。gbest 和 pbest 共同引导粒子在搜索空间中飞行来找到潜在更好的解。其二是如何储存已获得的非劣解。通常选用外部集保存每一代进化得到的非劣解，防止最优解丢失，最终获得的外部集中的元素将作为算法的计算结果供决策者选择。此外，外部集还扮演着为 gbest 提供候选者的角色。外部存储集通常需要限定容量大小，即需要在得到一组非劣解与计算耗费之间获得权衡。有效的外部存储集更新策略有益于多目标粒子群优化算法性能的改进。目前，研究者已经开发了一些方法或策略来更新外部存储集，比如 ε-支配方法、模糊聚类技术、自适应网格法、偏好顺序机制等。其三是关于控制和保持粒子的多样性。粒子在经过数代进化后容易拥簇成团，为防止算法陷入局部最优，需要保持粒子的多样性。主要的方法有多种群策略、自适应控制关键参数、变异算子、局部搜索技术、种群重组策略、跳跃改进算子和按比例分配机制等[81]。

目前，各种基于进化算法的自动率定已经广泛应用于水文模型等领域[82]，但由于富营养化模型运行时间普遍比水文模型大 1～2 个数量级，因此，这种自动率定的算法，尤其对于多目标富营养化模型参数的率定，在水环境领域的应用还较少。为克服这一障碍，可以用代理模型替代原始模型，减少模型自身计算时间，然后耦合先进的进化算法实现模型的自动率定，但这一技术在富营养化模型领域还处于起步阶段。此外，在富营养化模型参数的率定中，观测数据不可避免地带有噪声，而现有算法并没有考虑这一现实问题。对于数据带有噪声的情况，现有的算法是否能获得合理的结果缺乏相关的理论和验证。

1.3.3 代理模型研究

为解决复杂模型参数识别和自动率定中计算负荷过于巨大的问题，代理模型（surrogate model）技术应运而生。代理模型是指计算结果与原模型近似，但计算量较小的模型，也称为元模型或模型的模型。代理模型技术由两部分构成：一是试验设计，用于决定构造代理模型所需样本点的数量及位置；二是近似模型，用于逼近原模型的模型。

对于代理模型技术而言，试验设计是非常重要的部分，其可以为代理模型提供经济合理的方案，可以使样本点根据特定的要求分布在参数设计空间中，更有效地刻画输入参数和输出响应间的复杂函数关系。目前常用的试验设计方法有全析因设计、正交设计、拉丁超立方等[83]。全析因设计能分析参数对结果的影响以及参数之间的相互作用，但其需要的样本数较大，因此只用于参数较少的模型分析。正交试验是按照满足正交条件的表格安排参数取值，进行计算分析。与全析因分析相比，正交试验所需的计算次数大大减少，但其需要构造特别的正交表，且可能有参数组堆积问题。拉丁超立方抽样方法可以看作特殊的蒙特卡罗抽样或是有约束的均匀抽样，其计算次数可以由研究者自主确定，均匀性也优于正交设计，是当今流行的参数抽样方法。

近似模型技术也是代理模型的重要组成部分，代理模型的近似模型主要包括多项式响应面、径向基函数（radial basis function，RBF）、人工神经网络（artificial neural network，ANN）、Kriging 模型以及支持向量机（support vector machine，SVM）等方法。

多项式响应面是以代数多项式作为基函数，通过最小二乘回归方法来构造近似函数。多项式响应面模型能去除噪声影响，非常容易优化，但其对高维非线性问题的表征能力较差。相比较其他函数的逼近技术，多项式响应面模型形式不灵活，所以其精度较低、性能较差。同时，多项式模型阶数太高将导致过拟合现象，降低模型的泛化能力，因此对用于预测的模型而言不是最佳的选择。

径向基函数模型是以径向函数作为基函数，通过其线性叠加而构建的模型。常用的径向函数有线性函数、高斯函数、Cubic 函数等形式，随着径向函数采用不同的形式，径向基函数模型的特性会有所不同[84]。径向基具有较好的灵活性，且结构简单、计算效率较高，但是对数值噪声比较敏感。径向基的代理模型应用较多，如 Jin 等[85] 用 14 个不同类别的测试问题对多项式响应面、径向基函数模型以及 Kriging 模型进行系统对比，发现多数情况下，径向基函数的精度较优良。肖传宁等[86] 利用径向基函数模型代替了地下水溶质运移模型，并将其作为约束条件嵌入识别污染源的优化模型中，结果表明基于径向基函数模型优化方法不仅可以有效减少和避免巨大的计算负荷，而且获得了较为理想的计算结果。

人工神经网络具有较强的自适应学习、鲁棒性以及容错能力，是一种高度灵活的函数逼近技术。人工神经网络的代理模型构建中最关键的一步是确定人工神经网络的最佳结构。Shrestha 等[87] 运用人工神经网络对英国 Brue 集水区的水文模型进行参数的不确定性分析，结果表明由人工神经网络估计的预测区间是非常准确的。Broad 等[88] 选用人工神经网络作为代理模型来近似配水系统（water distribution system，WDS）中控制流动和氯衰减的非线性函数，校准后的人工神经网络可以很好地近似模拟模型。Kourakos 等[89] 提出了基于模块化神经网络优化方法并采用自适应程序进行训练来解决一个复杂的抽水优化问题，以希腊圣托里尼（Santorini）的沿海水层为例，研究表明模块化的神经网络实现明显减少了 CPU 的运行时间并得到了比原始模型更好的解决方案。

Kriging 模型最初由 Krige 在 1951 年提出，由 Sacks 等将 Kriging 模型用于计算机实验设计和分析的领域，自此开启了 Kriging 模型在工程优化领域的广泛应用。Kriging 模型是一种估计方差最小的无偏估计模型[90]。Kriging 模型利用未知点周围一定范围内的已知信息点的加权线性组合来估计未知点的值。其特点是将计算机确定性响应当作一个随机过程的实现，为拟合提供基础理论。代表性的 Kriging 模型有普通 Kriging 模型、梯度增强型 Kriging 模型、CoKriging 模型、分层 Kriging 模型等。Kriging 模型不仅可以提供未知函数的预估值，而且还可以给出预估值的误差估计。由于 Kriging 模型对非线性函数具有良好的逼近能力以及其独特的误差估计能力，是目前最具有代表性和应用潜力的代理模型之一。如 Baú 等[91] 在研究地下水抽水优化问题中运用 Kriging 模型作为代理模型克服了原始随机模拟所需的惊人计算成本。范越等[92] 将 Kriging 模型作为模拟模型的代理模型与优化模型进行耦合对地下水监测井的布设进行研究，结果表明 Kriging 模型的模拟结果误差较小，该耦合方法可以在较少计算耗费下实现最大化的覆盖高污染区域。闫雪嫚等[93] 运用 Kriging 模型作为 SWAT 模型的代理模型，从而实现了蒙特卡罗方法对该区域模拟的不确定性分析，结果表明 Kriging 模型不仅可以大幅度提高计算效率，而且能获得满意的精度。

支持向量机是一种基于机器学习理论与结构风险最小化的建模技术[83]。支持向量机的基本思想是运用某种非线性映射将输入向量映射到高维空间，然后将其转化成一个凸优化问题并进行回归估计，最后映射回原空间。尽管支持向量机在一定程度上依赖于径向基函数和 Kriging 模型中使用的基函数概念，但不同于径向基函数和 Kriging 模型，它只需要使用位于回归模型响应软分隔带外的样本点，即所谓支持向量形成逼近。支持向量机可以较好地处理非线性、局部极小点以及高维模式识别等问题。Zhang 等[94] 用人工神经网络和支持向量机来近似 SWAT 模型，并在美国两个流域的应用中对两种代理模型进行评估和比较，结果表明支持向量机比人工神经网络具有更好的泛化能力。目前支持向量机已经用于结构工程优化、电子工程等多个研究领域。支持向量机主要的缺点是其计算量较大，理论较为抽象，这导致水环境模型领域较少使用向量机模型作为代理模型。

1.4　研究区域富营养化研究进展

本书以富营养化湖泊巢湖为例，巢湖地处于我国长江中下游地区，具有蓄洪防洪、饮用供水、农业灌溉、渔业养殖等多种重要功能，对巢湖流域社会经济发展起着举足轻重的作用。然而随着该区域社会、经济与人口的快速发展，极大地加剧了巢湖水体的富营养化进程，目前巢湖已成为长江中下游地区富营养化程度最为严重的湖泊之一。

巢湖的营养状态大体经历了三个阶段：水质恶化阶段（1984—1994 年）、水质逐步改善阶段（1995—2007 年）和富营养化维持控制阶段（2008 年至今）[95]。巢湖在 20 世纪 90 年代中期富营养达到了 30 多年以来的峰值，其原因是巢湖流域快速发展的经济与巢湖有限投入的污染治理以及人工闸坝的设立阻碍了巢湖水体与长江的天然联系。针对越来越严峻的水体富营养化问题，我国在"九五"和"十五"期间加大对巢湖水体污染的治理投入力度，使得巢湖水质在这一阶段逐步恢复达到了 80 年代中期略高的水平，但已有研究结果显示巢湖的生态系统在这一阶段出现了退化现象，其生物的多样性下降、食物网趋于简单，物质循环流动不畅。2008 年至今，巢湖的水体富营养化水平维持在较高水平范围内波动，这表明传统的水污染治理措施和富营养化控制策略已经滞后。面对不断加剧的农业面源污染、大气沉降污染、湖泊内源污染等问题，传统的治理措施难以进一步改善巢湖的水质，亟须提出针对性的、精准化的水体污染治理措施应对巢湖富营养化问题。

目前，学者们从不同的角度对巢湖水体的富营养化问题进行研究[96-98]。主要研究有对巢湖进行富营养化评价，如支持向量机方法、模糊数学评价方法、环境异质性分析方法等；巢湖水体富营养化主要驱动因子研究；巢湖水体富营养化主要成因分析及相应的治理对策；巢湖底泥营养盐分布和释放研究；巢湖营养盐赋存形态及其时空分布特征研究；巢湖水华成因与时空分布特征研究等。

从过程模型方面对巢湖富营养化的研究主要包括：引江济巢工程对巢湖水环境影响的研究；水生植物的恢复对湖泊生态系统健康的影响；基于 FVCOM 的巢湖水动力特性研究；巢湖污染物质输运的主要驱动因子和分布特征研究；巢湖营养盐的分布模拟研究；巢湖水龄模拟研究；水华暴发预测、形成过程与控制研究等[99-101]。

综上所述，巢湖的研究主要是基于野外、室内实验和引江济巢工程效应分析等，对于巢湖富营养化模型参数的系统研究仍较少，模型参数的敏感性分析和参数的抗噪优化确定方面的系统研究更是鲜有报道。

1.5 目前存在的问题

经过近几十年的发展，湖泊富营养化过程模型已经广泛应用于水质预测、湖泊管理等领域。但是，相对于模型应用研究的繁荣，模型参数的系统研究，如重要参数的筛选、参数优化确定等方面的研究仍较为迟缓，而模型参数的准确估计对模拟效果有非常重要的影响。以巢湖富营养化模型参数研究为例，主要存在的问题有：

（1）富营养化模型参数众多，因此有必要对模型参数进行筛选和敏感性分析。但富营养化模型计算耗费巨大，使模型参数筛选和敏感性分析难以在个人计算机上完成，给模型的研究和应用带来极大的困难。

（2）富营养化模型关键参数的提取依赖于参数的敏感性分析，参数的敏感性随着湖泊状态和空间位置的不同而有所差异，这方面的研究仍较少。

（3）水环境数据有大量的噪声，数据噪声严重影响模型参数的确定，但尚未有适用于富营养化模型的抗噪多目标参数优化确定方法。

（4）模型参数具有不确定性，这将带来模型预测风险。因此有必要研究参数的最大概率及其区间估计，以减少参数不确定性的影响。

1.6 本书主要研究工作

本书基于富营养化模型提出了一套"模型构建-数据分析平台-参数敏感性-优化确定-不确定性"的研究体系。首先介绍了巢湖的区域概况。基于 EFDC 模型构建了巢湖二维水动力和富营养化模型，利用改进的 Morris 方法对模型参数进行筛选。应用数据库技术建立了巢湖富营养化模型大数据分析平台，在此基础上，构建了巢湖二维富营养化代理模型。运用定量敏感性方法分析了巢湖二维富营养化模型参数敏感性随湖泊状态变化和空间分布特征。利用抗噪多目标优化算法确定了巢湖富营养化模型的 8 个关键参数的最优值。最后，利用基于非劣解概念的参数多目标不确定性分析方法，研究了巢湖关键参数的不确定性，给出了关键参数的最大概率及区间估计。具体内容如下：

（1）介绍巢湖区域概况，基于 EFDC 建立了巢湖二维水动力-富营养化模型。

（2）结合本研究提出的改进的 Morris 敏感性分析方法，筛选了巢湖富营养化模型的重要参数。结合 Python 和 PostgreSQL 数据库开发了巢湖富营养化模型大数据分析平台。利用 Kriging 模型建立了巢湖二维富营养化模型的代理模型。大数据分析平台和代理模型的建立使模型计算和分析效率提高了约 300 倍，这一巨大计算瓶颈的解决为模型参数的敏感分析和优化确定等研究奠定了基础。

（3）利用 Sobol 方法定量分析了巢湖二维富营养化模型参数敏感性随蓝藻生消阶段变化的规律及空间分布特征，发现巢湖蓝藻关键参数的敏感性不仅受到蓝藻不同生消时期的影响，而且存在明显的区域特征。

（4）本研究提出了一种新的多目标抗噪粒子群优化算法，并利用该算法对巢湖二维富营养化模型进行多目标参数率定，优化确定了巢湖 8 个关键参数的值。

（5）基于非劣解概念并结合 RSA 方法，提出了一种新的多目标参数不确定性分析方法，分析了巢湖富营养化模型关键参数的不确定性。在此基础上，给出了关键参数的最大概率估计及其置信区间的估计。

第 2 章

研究区域水动力-富营养化模型

本章 2.1 节介绍了研究区域巢湖的地理环境特点；2.2 节基于 EFDC 水动力模型建立了正交曲线网格下的巢湖二维水动力模型，并对该模型进行了验证；2.3 节对 EFDC 富营养化模型框架中包含的参数以及转化过程进行了总结分析，并根据巢湖水环境实际状态，对其进行适当的简化。结合巢湖水动力模型，建立了巢湖富营养化模型，并对模拟结果进行验证。为后续模型参数敏感性分析、参数优化确定和不确定性分析打下坚实基础。

2.1 研究区域概况

巢湖地处安徽省中部，位于长江中下游左岸，是我国五大淡水湖泊之一。巢湖流域面积约 13350km²。巢湖总面积约 780km²，从东到西长达 54.4km，从南到北宽达 21km，夏季平均水深约为 4m。以忠庙—姥山—齐头嘴为界，巢湖被划分为东巢湖和西巢湖。环巢湖约有 33 条河道，其中主要河道有 11 条，分别为店埠河、南淝河、十五里河、派河、丰乐河、杭埠河、白石天河、兆河、双桥河、柘皋河和裕溪河。其中，南淝河与店埠河、丰乐河与杭埠河均在进入巢湖前相汇合，所以主要共有 9 条河道直接与巢湖相连。在这 9 条河道中，位于东巢湖的裕溪河是巢湖唯一的出湖河道，巢湖湖水通过裕溪河流入长江，其余的 8 条河道则均是巢湖的入湖河道。在这 8 条河道中，柘皋河、双桥河位于东巢湖区域，兆河位于巢湖中部，而剩余的 5 条河均位于西巢湖区域。具体位置如图 2.1 所示。

巢湖是周边区域工业、农业和生活饮用水水源地，同时也是污水的受纳区。安徽省环境状况公报[102] 结果显示：巢湖总体水质状况为轻度污染；东巢湖水质为Ⅳ类，处于轻度富营养化状态；西巢湖水质是Ⅴ类，为中度富营养化状态。近年来，巢湖东西两个湖区的水体富营养化状态没有明显改善。历年的监测数据显示，入湖河道尤其是位于西巢湖区域的河道，如南淝河-店埠河、十五里河、派河等水质为劣Ⅴ类，处于重污染状态。环巢湖入湖河道输入巢湖的总

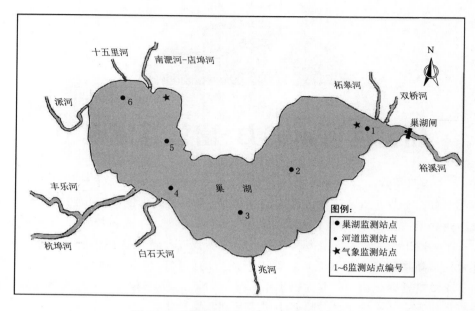

图 2.1　环巢湖主要河道和监测站点分布

氮（TN）、总磷（TP）等是巢湖主要的污染物来源。为制定科学治理巢湖方案，有效解决巢湖的污染问题，控制巢湖的富营养化，需要构建巢湖水动力-富营养化模型并对模型参数进行深入研究。

2.2　巢湖水动力模型

2.2.1　控制方程

本研究基于 EFDC 建立巢湖水动力模型。考虑到巢湖水深较小，地形平坦，且无显著温度或 DO 分层现象，所以建立二维模型即可。

EFDC 模型在平面上采用正交曲线网格，在垂向上采用 σ 坐标系，这样既能适应湖泊复杂边界和地形，程序计算消耗也较小。具体的计算方程如下：

水流运动基本方程

连续方程

$$\frac{\partial(m\zeta)}{\partial t}+\frac{\partial(m_y Hu)}{\partial x}+\frac{\partial(m_x Hv)}{\partial y}+\frac{\partial(mw)}{\partial z}=0 \tag{2.1}$$

$$\frac{\partial(m\zeta)}{\partial t}+\frac{\partial\left(m_y H\int_0^1 u\,\mathrm{d}z\right)}{\partial x}+\frac{\partial\left(m_x H\int_0^1 v\,\mathrm{d}z\right)}{\partial y}=0 \tag{2.2}$$

平面动量方程

$$\frac{\partial(mHu)}{\partial t}+\frac{\partial(m_y Huu)}{\partial x}+\frac{\partial(m_x Hvu)}{\partial y}+\frac{\partial(mwu)}{\partial z}-\left(mf+v\frac{\partial m_y}{\partial x}-u\frac{\partial m_x}{\partial y}\right)Hv$$

$$=-m_y H\frac{\partial(g\zeta+p)}{\partial x}-m_y\left(\frac{\partial h}{\partial x}-z\frac{\partial H}{\partial x}\right)\frac{\partial p}{\partial z}+\frac{\partial\left(m\dfrac{A_v}{H}\dfrac{\partial u}{\partial z}\right)}{\partial z}+Q_u \qquad (2.3)$$

$$\frac{\partial(mHv)}{\partial t}+\frac{\partial(m_y Huv)}{\partial x}+\frac{\partial(m_x Hvv)}{\partial y}+\frac{\partial(mwv)}{\partial z}+\left(mf+v\frac{\partial m_y}{\partial x}-u\frac{\partial m_x}{\partial y}\right)Hu$$

$$=-m_x H\frac{\partial(g\zeta+p)}{\partial y}-m_x\left(\frac{\partial h}{\partial y}-z\frac{\partial H}{\partial y}\right)\frac{\partial p}{\partial z}+\frac{\partial\left(m\dfrac{A_v}{H}\dfrac{\partial v}{\partial z}\right)}{\partial z}+Q_v \qquad (2.4)$$

垂向动量方程简化为静水压强公式，即

$$\frac{\partial p}{\partial z}=-\frac{gH(\rho-\rho_0)}{\rho_0}=-gHb \qquad (2.5)$$

浓度对流-扩散方程

$$\frac{\partial(mHc)}{\partial t}+\frac{\partial(m_y Huc)}{\partial x}+\frac{\partial(m_x Hvc)}{\partial y}+\frac{\partial(mHwc)}{\partial z}$$

$$=\frac{\partial}{\partial x}\left(\frac{m_y}{m_x}HK_h\frac{\partial c}{\partial x}\right)+\frac{\partial}{\partial y}\left(\frac{m_x}{m_y}HK_h\frac{\partial c}{\partial y}\right)+\frac{\partial}{\partial z}\left(m\frac{K_v}{H}\frac{\partial c}{\partial z}\right)+S_c \qquad (2.6)$$

式中：H 为总水深，$H=h+\zeta$；u、v 分别表示正交坐标系下 x、y 方向的速度分量；f 为科氏力系数；A_v 为垂直涡动黏滞系数；K_v 为垂直湍流扩散系数；K_h 为平面湍流扩散系数；Q_u、Q_v 和 S_c 为源汇项；m_x 和 m_y 为曲线正交坐标系的拉梅系数，$m=m_x m_y$；b 为浮力；ρ 和 ρ_0 分别为水的密度和参考密度。

垂向上的 σ 坐标系与原始直角坐标系的关系如式（2.7）所示；同时，垂向真实速度和 σ 坐标系下的垂向速度通过式（2.8）相互转换。

$$z=(z^*+h)/(\xi+h) \qquad (2.7)$$

$$w=w^*-z(\partial_t\zeta+um_x^{-1}\partial_x\zeta+vm_y^{-1}\partial_y\zeta)+(1-z)(um_x^{-1}\partial_x h+vm_y^{-1}\partial_y h)$$
$$\qquad (2.8)$$

式中：上标 $*$ 为原始直角坐标系下的坐标和垂向流速；h 和 ζ 为原始坐标下的水深和水位。采用 2 阶 Mellor - Yamada 模型封闭湍流模型求解涡动黏滞系数和垂向湍流扩散系数。

从方程可以看出 EFDC 是分层三维模型，所以在计算过程中只需要设置湖泊的分层个数为一层就可以建立二维水动力模型。

2.2.2 定解条件与切应力项的处理

巢湖水动力模型的定解条件包括初始条件和边界条件。初始条件主要是给出计算开始时刻的巢湖各个区域的水位。边界条件包括开边界和闭边界两种：开边界条件主要指巢湖周围入流和出流河道的流量、水温以及气象条件；闭边界就是巢湖的固体边界，设定为边界处流速的法向速度和物质的法向通量为零。水面和床面边界条件具体处理如下：

水面风切应力

$$\tau_{sx} = c_f w_x \sqrt{w_x^2 + w_y^2} \qquad (2.9)$$

$$\tau_{sy} = c_f w_y \sqrt{w_x^2 + w_y^2} \qquad (2.10)$$

式中：w_x、w_y 分别为 10m 高空处风矢量在 x、y 方向上的分量；c_f 为风的拖曳系数，由下式计算

$$c_f = 0.001 \frac{\rho_a}{\rho_w} (0.8 + 0.065 \sqrt{w_x^2 + w_y^2}) \qquad (2.11)$$

式中：ρ_a 与 ρ_w 分别是空气的密度与湖水的密度。

床面切应力

$$\tau_{bx} = c_b u \sqrt{u^2 + v^2} \qquad (2.12)$$

$$\tau_{by} = c_b v \sqrt{u^2 + v^2} \qquad (2.13)$$

式中：c_b 为湖底床面的拖曳系数，由下式计算

$$c_b = \left[\frac{\kappa}{\ln\left(\frac{\Delta_{bl}}{2\sigma_0}\right)} \right]^2 \qquad (2.14)$$

式中：Δ_{bl} 为无量纲底部层的厚度；σ_0 为无量纲的底部粗糙度。

2.2.3 网格划分与求解

模型计算区域为巢湖的全湖区，模型考虑了巢湖周围的南淝河—店埠河、十五里河、派河、杭埠河—丰乐河、白石天河、兆河、双桥河、柘皋河及裕溪河 9 条主要的出入湖河道。

模型在平面上采用正交曲线网格对巢湖进行剖分，整个模型共有 15238 个网格，网格最大尺度约为 50m，最小尺度约为 10m。网格在重点关注区

域，如南淝河口入湖汇流湾区对计算网格进行了加密。计算网格如图 2.2 所示。

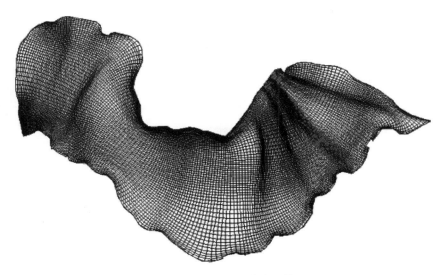

图 2.2   巢湖正交曲线网格

本模型使用交错网格法布置网格，内外模式分裂求解控制方程。首先外模式求解每层的水深平均流速，然后内模式求解每层垂向流速和水平速度分量。离散得到的方程组由共轭梯度法求解，时间步长为30s。

2.2.4   水动力模拟验证

巢湖水动力模型的模拟时间为 2009 年 7 月 12 日至 9 月 30 日。边界条件中的气象数据包括云量、气温、风况等均来自合肥气象监测站；计算期间巢湖主要风向为南南西风及东风，平均风速约为 4m/s。南淝河、派河、兆河和裕溪河等 9 条河道的出入湖水量由其汇入巢湖前的最后一个监测站点水量实测获得。边界条件包括河道的流量以及气象数据的实测数据频率均是每天一次，用于验证水位的数据监测频率为每天两次。计算的水域范围及各监测点分布如图 2.1 所示。

图 2.3 所示为 2009 年 7 月 28 日巢湖水动力模型计算结果的流场。从图中可以看出，巢湖的流场有典型的风生流特征，巢湖湖心区域的流场流向与风向之间夹角较小；在靠近岸边或者河道入流及出流的区域，流动主要由边界条件和地形决定，因此不具备上述特点。局部来看，西部南淝河口区域受地形影响，有较为明显的环流特征。环流存在阻碍该区域污染物质向外输运，从而导致该区域的水质长期处于低水平，这与巢湖常年观测结果在定性上一致。在巢湖中

部和东部地区由于地形边界较为开阔，所以不存在环流。

巢湖 3 监测点的水位验证结果如图 2.4 所示，从图中可以看出，模拟水位与实测水位总体上基本一致，说明模型可以很好地模拟巢湖水位变化。

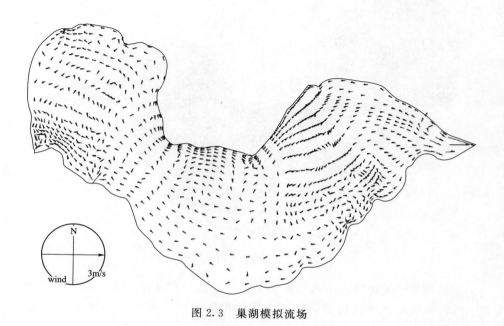

图 2.3　巢湖模拟流场

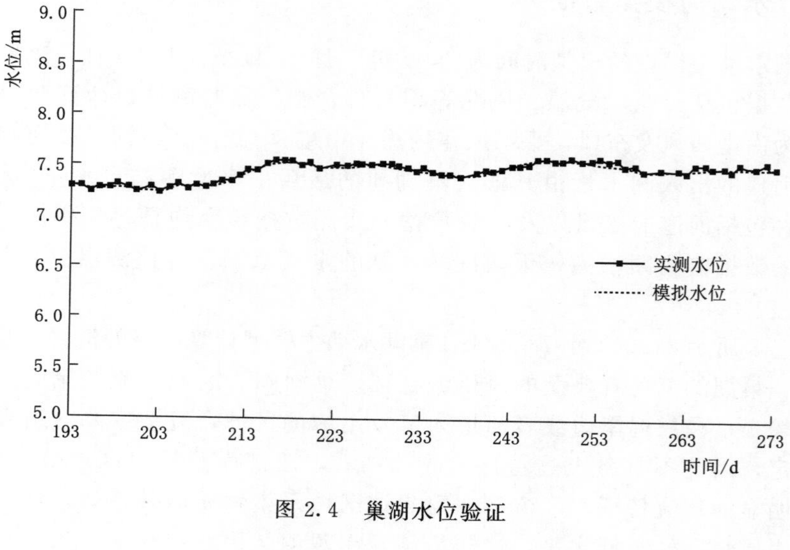

图 2.4　巢湖水位验证

24

2.3 巢湖富营养化模型

2.3.1 巢湖富营养化模型框架

本节对 EFDC 富营养模型进行了总结，并根据巢湖水环境实际状态，对其进行适当的简化。在此基础上，建立了包括蓝藻、溶解氧、生化需氧量、氨氮、硝酸盐、有机氮、磷酸盐、有机磷等物质在内的巢湖富营养化模型框架，目标是模拟巢湖夏季主要环境因子的变化过程，并进行参数的敏感性分析与率定。巢湖富营养化模型具体如图 2.5 所示，具体的状态变量包括蓝藻（cyanobacteria）、惰性颗粒有机碳（RPOC）、活性颗粒有机碳（LPOC）、溶解有机碳（DOC）、惰性颗粒有机磷（RPOP）、活性颗粒有机磷（LPOP）、溶解有机磷（DOP）、磷酸盐（PO_4^{3-}）、惰性颗粒有机氮（RPON）、活性颗粒有机氮（LPON）、溶解有机氮（DON）、氨氮（$NH_4^+ - N$）、硝态氮（$NO_3^- - N$）、

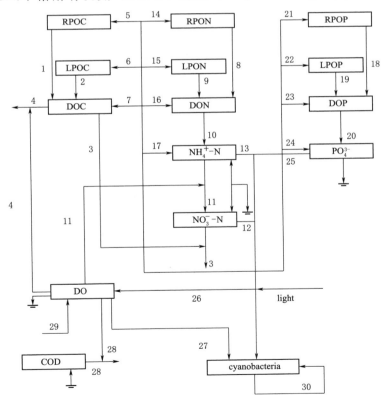

图 2.5 巢湖富营养化模型结构框图

化学需氧量（COD）、溶解氧（DO），共计 15 个变量。由于夏季巢湖的藻类以蓝藻为主，其生物量是其他藻类生物量总和的 10 倍左右，因此模拟夏季巢湖可以仅考虑蓝藻的生消过程。

巢湖富营养化模型涉及的具体参数见表 2.1。本书根据参数在不同过程中的作用将其分为七类：Ⅰ 为藻类生消相关参数，Ⅱ 为磷转化相关参数，Ⅲ 为碳转化相关参数，Ⅳ 为氮转化相关参数，Ⅴ 为溶解氧循环相关参数，Ⅵ 为光照相关参数，Ⅶ 为温度相关参数。

表 2.1　　　　　　　　　　　　　巢湖富营养化模型参数

编号	参数	默认值	单位	意　　义	类型
1	PM	4	d^{-1}	蓝藻在最佳条件下的最大生长速率	Ⅰ
2	KHN	0.03	gNm^{-3}	蓝藻对氮的摄取的半饱和常数	Ⅳ
3	KHP	0.005	gPm^{-3}	蓝藻对磷的摄取的半饱和常数	Ⅱ
4	KTG1	0.004	$℃^{-2}$	温度低于温度 TM1 对蓝藻生长的影响	Ⅶ
5	KTG2	0.012	$℃^{-2}$	温度高于温度 TM2 对蓝藻生长的影响	Ⅶ
6	BMR	0.1	d^{-1}	蓝藻的基础代谢率	Ⅰ
7	KTB	0.0322	$℃^{-1}$	温度对蓝藻基础代谢的影响	Ⅶ
8	PRR	0.02	d^{-1}	蓝藻的参考被捕食率	Ⅰ
9	ALPH	1		蓝藻被捕食率的指数因子	Ⅰ
10	KTP	0.0001	$℃^{-1}$	温度对蓝藻被捕食的影响	Ⅶ
11	KTHDR	0.069	$℃^{-1}$	温度对颗粒有机物水解的影响	Ⅶ
12	KRC	0.005	d^{-1}	RPOC 的最小溶解速率	Ⅲ
13	KLC	0.02	d^{-1}	LPOC 的最小溶解速率	Ⅲ
14	KDC	0.01	d^{-1}	DOC 的最小呼吸速率	Ⅲ
15	KRCALG	0.0001	$m^3(gC)^{-1}d^{-1}$	RPOC 的溶解常数	Ⅲ
16	KLCALG	0.0001	$m^3(gC)^{-1}d^{-1}$	LPOC 的溶解常数	Ⅲ
17	KDCALG	0.001	$m^3(gC)^{-1}d^{-1}$	与蓝藻生物量有关的 DOC 呼吸常数	Ⅲ
18	FCRP	0.25		被捕食的蓝藻产生的 RPOC 比例	Ⅲ
19	FCLP	0.5		被捕食的蓝藻产生的 LPOC 比例	Ⅲ

续表

编号	参数	默认值	单位	意　义	类型
20	FCDP	0.25		被捕食的蓝藻产生的 DOC 比例	Ⅲ
21	KRORDO	0.001	gO_2m^{-3}	溶解氧的反硝化半饱和常数	Ⅴ
22	KHDNN	0.001	gNm^{-3}	硝态氮的反硝化半饱和常数	Ⅳ
23	KHORDO	0.5	gO_2m^{-3}	DO 的呼吸半饱和常数	Ⅴ
24	CP1	60	$gC(gP)^{-1}$	最小的碳磷比	Ⅰ
25	CP2	0.01	$gC(gP)^{-1}$	最大最小碳磷比的差异	Ⅰ
26	CP3	0.01	$(gP)^{-1}m^3$	溶解磷酸盐浓度对碳磷比的影响	Ⅰ
27	KRP	0.005	d^{-1}	RPOP 的最小水解速率	Ⅱ
28	KLP	0.12	d^{-1}	LPOP 的最小水解速率	Ⅱ
29	KDP	0.2	d^{-1}	DOP 的最小矿化速率	Ⅱ
30	KRPALG	0.2	$m^3(gC)^{-1}d^{-1}$	RPOP 的水解常数	Ⅱ
31	KLPALG	0.0001	$m^3(gC)^{-1}d^{-1}$	LPOP 的水解常数	Ⅱ
32	KDPALG	0.001	$m^3(gC)^{-1}d^{-1}$	与蓝藻生物量有关的矿化常数	Ⅱ
33	FPR	0.25		蓝藻基础代谢产生的 RPOP 比例	Ⅱ
34	FPL	0.25		蓝藻基础代谢产生的 LPOP 比例	Ⅱ
35	FPD	0.25		蓝藻基础代谢产生的 DOP 比例	Ⅱ
36	FPI	0.25		蓝藻基础代谢产生的磷酸盐比例	Ⅱ
37	FPRP	0.03		被捕食蓝藻产生的 RPOP 比例	Ⅱ
38	FPLP	0.07		被捕食蓝藻产生的 LPOP 比例	Ⅱ
39	FPDP	0.5		被捕食蓝藻产生的 DOP 比例	Ⅱ
40	FPIP	0.4		被捕食蓝藻产生的磷酸盐比例	Ⅱ
41	KRN	0.005	d^{-1}	RPON 的最小水解速率	Ⅳ
42	KLN	0.03	d^{-1}	LPON 的最小水解速率	Ⅳ
43	KDN	0.01	d^{-1}	DON 的最小矿化速率	Ⅳ
44	KRNALG	0.0001	$m^3(gC)^{-1}d^{-1}$	RPON 的水解常数	Ⅳ

续表

编号	参数	默认值	单位	意　义	类型
45	KLNALG	0.0001	$m^3(gC)^{-1}d^{-1}$	LPON 的水解常数	IV
46	KDNALG	0.001	$m^3(gC)^{-1}d^{-1}$	与蓝藻生物量有关的矿化常数	IV
47	FNR	0.15		蓝藻基础代谢产生的 RPON 比例	IV
48	FNL	0.25		蓝藻基础代谢产生的 LPON 比例	IV
49	FND	0.5		蓝藻基础代谢产生的 DON 比例	IV
50	FNI	0.1		蓝藻基础代谢产生的氨氮比例	IV
51	FNRP	0.15		被捕食蓝藻产生的 RPON 比例	IV
52	FNLP	0.25		被捕食蓝藻产生的 LPON 比例	IV
53	FNDP	0.5		被捕食蓝藻产生的 DON 比例	IV
54	FNIP	0.1		被捕食蓝藻产生的氨氮比例	IV
55	KNit1	0.003	$℃^{-2}$	温度低于较低最佳温度对消化速率的影响	VII
56	KNit2	0.003	$℃^{-2}$	温度高于较高最佳温度对消化速率的影响	VII
57	KHNitDO	3	$gO_2 m^{-3}$	DO 硝化的半饱和常数	V
58	KHNitN	1	$gN m^{-3}$	氨氮硝化的半饱和常数	IV
59	Nitm	0.01	$gN m^{-3}d^{-1}$	最大硝化速率	IV
60	ANC	0.175	$gN(gC)^{-1}$	蓝藻中的氮碳比	I
61	KCD	0.1	d^{-1}	COD 的氧化速率	V
62	KTCOD	0.069	$℃^{-1}$	温度对 COD 氧化的影响	VII
63	KHCOD	0.5	$gO_2 m^{-3}$	COD 氧化所需的 DO 的半饱和常数	V
64	KR	0.2	d^{-1}	复氧系数	V
65	AANOX	0.01		反硝化速率与 DOC 呼吸速率的比	III
66	KPO4T2D	0.8		$PO_4 d$ 与 $PO_4 p$ 的分配系数	II
67	KHI	60	$W m^{-2}$	光限制的半饱和常数	VI
68	KESS	0.45	m^{-1}	消光系数	VI

　　巢湖氨氮、硝态氮、磷酸盐、化学需氧量、蓝藻、溶解氧等环境变量的水-沉积物通量在文献中已有充足研究，所以本节按照文献研究成果设置水-沉积物通量的值。由于水-沉积物通量中已经包括各物质沉降和释放等效应，因此本研究不考虑相关参数的敏感性、优化及不确定性问题。巢湖富营养化模型涉及的主要循环过程以及这些过程所包含的参数具体见表 2.2，主要方程式可参考文献 [103] 和参考文献 [104]。

表 2.2　　　　　　　　巢湖富营养化模型主要的循环过程及包含的参数

编号	过　程	参　数
1	RPOC 的溶解	11，12，15
2	LPOC 的溶解	11，13，16
3	反硝化	21，22，65
4	异养呼吸	14，17，23
5	被捕食藻产生 RPOC	8～10，18
6	被捕食藻产生 LPOC	8～10，19
7	被捕食藻产生 DOC	8～10，20
8	RPON 的水解	2，11，41，44
9	LPON 的水解	2，11，42，45
10	DON 的矿化	2，11，43，46
11	消化作用	55～59，65
12	蓝藻对硝态氮的摄取	1～5，60
13	蓝藻对氨氮的摄取	1～5，60
14	蓝藻被捕食和基础代谢产生 RPON	6～10，47，51，60
15	蓝藻被捕食和基础代谢产生 LPON	6～10，48，52，60
16	蓝藻被捕食和基础代谢产生 DON	6～10，49，53，60
17	蓝藻被捕食和基础代谢产生氨氮	6～10，50，54，60
18	RPOP 的水解	3，11，27，30
19	LPOP 的水解	3，11，28，31
20	DOP 的矿化	3，11，29，32

编号	过　程	参　数
21	蓝藻被捕食和基础代谢产生 RPOP	6～10, 24～26, 33, 37
22	蓝藻被捕食和基础代谢产生 LPOP	6～10, 24～26, 34, 38
23	蓝藻被捕食和基础代谢产生 DOP	6～10, 24～26, 35, 39
24	蓝藻被捕食和基础代谢产生磷酸盐	6～10, 24～26, 36, 40, 66
25	蓝藻对磷酸盐的摄取	1～5, 24～26
26	光合作用产生 DO	1～5
27	呼吸作用	6～7
28	COD 的氧化	61～63
29	复氧	64
30	蓝藻生长、基础代谢、沉降及被捕食过程	1～10, 67, 68

2.3.2　巢湖富营养化模型模拟验证

富营养化模型的构建使用 2009 年 7—9 月的巢湖及出入河道的监测数据，巢湖和各河道入湖处布置的监测站点如图 2.1 所示。富营养化模型中物质的输运由浓度对流-扩散方程计算，具体可参见式（2.6）。模拟验证主要关注蓝藻生物量、氨氮、硝态氮以及磷酸盐浓度，巢湖富营养化模型中水质的验证数据及各河道水质的边界条件数据的监测均约每周一次。以下给出 1 号、3 号、6 号监测点蓝藻生物量、氨氮、硝态氮以及磷酸盐浓度的模拟结果分析，模型参数取默认值，具体见表 2.1。

蓝藻生物量在 1 号、3 号、6 号这 3 个监测点的最大模拟误差和平均模拟误差分别为 93.9% 和 49.2%、88.0% 和 24.8%、46.6% 和 21.2%，3 个监测点蓝藻生物量模拟值与观测值的相关系数分别为 0.71、0.75 和 0.69。$NH_4^+ - N$ 浓度在 3 个监测点的最大模拟误差和平均模拟误差分别为 78.2% 和 45.7%、45.1% 和 28.5%、63.8% 和 35.4%，3 个监测点 $NH_4^+ - N$ 浓度模拟值与观测值的相关系数分别为 0.28、0.59 和 0.71。$NO_3^- - N$ 浓度在 3 个监测点的最大模拟误差和平均模拟误差分别为 61.6% 和 19.7%、49.3% 和 28.8%、34.6% 和 16.7%，3 个监测点 $NO_3^- - N$ 浓度模拟值与观测值的相关系数分别为 −0.18、0.26 和 0.84。PO_4^{3-} 浓度在 3 个监测点的最大模拟误差和平均模拟误差分别为 26.1% 和 14.2%、126.0% 和 39.1%、32.6% 和 16.9%，3 个监测点 PO_4^{3-} 浓度模拟值与

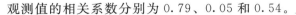

观测值的相关系数分别为 0.79、0.05 和 0.54。

从以上结果来看，巢湖夏季的富营养化过程可以被构建的富营养化模型正确反映，可以作为进一步研究的基础；但由于模型参数估计不准确，模拟值与观测值的吻合程度一般。建立更好的模型需要后续的参数敏感性分析、参数多目标优化确定以及参数的不确定性分析等方面的研究。

2.4 本章小结

本章介绍了巢湖的区域概况，构建了巢湖水动力-巢湖富营养化模型。具体结论如下：

（1）在 EFDC 环境流体动力学模型的基础上构建了巢湖水动力模型。结果表明，构建的巢湖水动力模型可以作为巢湖二维富营养化模型的基础。

（2）对 EFDC 富营养化模型进行了总结，根据巢湖水环境实际状态，对其进行适当的简化，构建了巢湖富营养化模型，并根据参数在不同过程中的作用将参数分为七类。校验结果表明，构建的巢湖富营养化模型可以正确的反映巢湖的富营养化过程，可以作为后续模型参数的研究基础。

第3章

富营养化模型参数筛选
和敏感性定量研究

模型参数对模拟计算结果有重要影响,但巢湖富营养化模型参数众多,重要参数并不明晰。同时,不同状态和空间位置的参数重要性是有差异的,因此有必要对模型参数的状态-空间敏感性差异进行定量研究,识别对模型输出具有重要影响的关键参数。巢湖二维富营养化模型参数定量敏感性研究计算量巨大,所以实现二维富营养化模型参数的敏感研究,需要构建代理模型,建立大数据分析平台以满足参数敏感性研究所需的巨大计算耗费。

3.1 节提出了一种改进的 Morris 参数筛选方法,构建独立的巢湖箱式富营养化模型并进行参数筛选,筛选出的重要参数将用于后续巢湖二维富营养化代理模型的构建,以进一步减少构建代理模型所需的计算量。3.2 节结合 Python语言和 PostgreSQL 数据库建立了巢湖富营养化模型的大数据分析平台,在此基础上利用 Kriging 模型,建立了巢湖二维富营养化模型的代理模型,以显著提高计算效率,为后续研究富营养化模型参数的定量敏感性分析打下坚实基础。3.3 节在前述工作的基础上,运用基于方差分解的 Sobol 敏感性定量分析方法对巢湖二维富营养化模型参数的敏感性进行研究,研究成果有助于揭示模型参数敏感性随状态变化的规律和空间分布特征。

3.1 参数筛选

巢湖富营养化模型框架所包含的参数众多,见表 2.1,直接分析所有参数的敏感性会带来个人计算机无法承受的计算耗费。为减少计算量,提高计算效率,本节首先在巢湖富营养化模型框架下建立了箱式模型,运用改进的 Morris 方法筛选重要的模型参数。

3.1.1 改进的 Morris 方法

Morris 方法[59-60] 是用于研究参数敏感性的主要方法之一,具体如下:

假设模型 $Y = f(x_1, x_2, \cdots, x_k)$，其中，每个参数 x_i（$i = 1, 2, \cdots, k$）的取值按照各自的累积概率分布映射到 $[0, 1]$ 上，然后将累积概率分布离散成 p 个水平。每个参数都随机从 p 水平中获取值，并基于各自的分布再将这 p 个水平进行逆映射，以获得真实取值。

Morris 方法中计算参数的敏感性是基于"基本效应（elementary effect，EE）"。参数 x_i 在第 j 个基点的基本效应 EE 的定义为

$$EE_{ij}(X) = \{ y[x_{1j}, x_{2j}, \cdots x_{(i-1)j}, x_{ij} + \Delta, x_{(i+1)j}, \cdots, x_{kj}] - y(x_{1j}, x_{2j}, \cdots, x_{kj}) \} / \Delta$$

$$(3.1)$$

其中，$j = 1, 2, \cdots, r$，$\Delta = 1/(p-1)$；Morris 方法选用 μ^* 来表征参数的敏感性，使用 σ 表征参数之间的相互作用。由于该方法抽样的随机性，所以需要重复 r 次。

第 i 个输入因子 x_i 对模型输出的敏感性及其与参数间的相互作用分别用以下两个公式表示

$$\mu_i^* = \frac{1}{r} \sum_{j=1}^{r} |EE_{ij}|$$

$$\sigma_i = \sqrt{\frac{1}{r} \sum_{j=1}^{r} \left(|EE_{ij}| - \mu_i^* \right)^2}$$

对于参数的敏感性，本书对 Morris 方法进行改进，克服了原有 Morris 方法的敏感性指数仅能提供参数敏感性排序，而不能衡量同一个参数对几个或多个模型输出变量的敏感性。改进方法基于数学期望的线性性质的思想，可以实现模型参数对于几个或者多个模型输出变量的敏感性和重要性的估计，而且估计结果也不会受到变量测量单位的影响[105]。

改进的 Morris 方法中定义三个指数：标准化的 $|EE_{ij}|$（记 P_{ij}）、全局敏感性指数 τ_i 和平均敏感性指数 β_i，具体定义如下：

对于第 j 个基点，标准化的 $|EE_{ij}|$ 为

$$P_{ij} = \frac{|EE_{ij}|}{\sum_{i=1}^{k} |EE_{ij}|}$$

$$(3.2)$$

参数 x_i 标准化的全局敏感性指数 τ_i 为

$$\tau_i = \frac{1}{r} \sum_{j=1}^{r} P_{ij} = \frac{1}{r} \sum_{j=1}^{r} \frac{|EE_{ij}|}{\sum_{i=1}^{k} |EE_{ij}|}$$

$$(3.3)$$

平均敏感性指数 β_i 为

$$\beta_i = \frac{1}{m}\sum_{l=1}^{m}\tau_{il} \quad (1 \leqslant l \leqslant m) \tag{3.4}$$

式中：P_{ij} 表示参数 x_i 对模型输出变量的基本效应占总基本效应的百分比；r 为重复次数；τ_i 的取值介于 0 和 1 之间，且 $\sum_{i=1}^{k}\tau_i = 1$，其表示参数 x_i 占总敏感性的百分比，如果考虑参数组对单个模型输出的敏感性，则可以将该组中所有参数的敏感性进行相加即可；τ_{il} 表示参数 x_i 对第 l 个变量的敏感性；m 表示模型输出变量的总数；β_i 表示参数 x_i 对几个或者多个模型输出变量的平均敏感性。

　　本节提出的敏感性指数克服了原始指数的缺陷，适用于富营养化模型重要参数的筛选。

3.1.2　巢湖箱式富营养化模型参数筛选

　　为减少计算量，本节首先构造巢湖箱式富营养化模型以筛选参数，为后续代理模型构建和巢湖二维富营养化模型参数的敏感性分析做准备。巢湖箱式富营养化模型构建同样使用 2009 年 7—9 月的巢湖及出入河道的监测数据，模型率定主要关注蓝藻、$NH_4^+ - N$、$NO_3^- - N$ 以及 PO_4^{3-}。图 3.1 给出了巢湖箱式富营养化模型的验证结果，其中观测值是各个监测点对应时间观测值的空间平均值。

　　从图 3.1 可得，对于蓝藻、$NH_4^+ - N$、$NO_3^- - N$ 和 PO_4^{3-} 的平均模拟误差分别为 29%、35%、27% 和 24%。蓝藻、$NH_4^+ - N$、$NO_3^- - N$ 和 PO_4^{3-} 模拟值与观测值的皮尔逊相关系数分别为 0.59、0.56、0.66 和 0.62，正的相关系数表明模型模拟结果与观测值有类似的趋势。尽管相关系数不大，但是巢湖箱式富营养化模型的模拟结果与巢湖的观测值和趋势相一致，这表明其能正确反映巢湖的生态动力学。尽管箱式模型不完美，但其仅用于重要参数的筛选是足够的。

　　由于参数的概率分布没有先验，所以假设参数的分布服从均匀分布，变化范围参考已有文献设置为 ±25%[106]，参数及其默认值见表 2.1。模型评价的次数为 $R = (63+1) \times 2000 = 128000$，水平 $P = 11$，Morris 设计总的重复次数为 2000。以各变量的平均浓度作为目标，当模型运行总重复次数为 2500 次时，其计算结果类似于总重复次数为 2000 次时的结果，表明后者对于模型参数敏感性分析而言已经足够精确，本节参数的筛选基于 2000 次重复抽样的结果。参数的筛选结果如图 3.2 所示，对于各状态变量，前十个敏感的参数编号已经在图中标出。

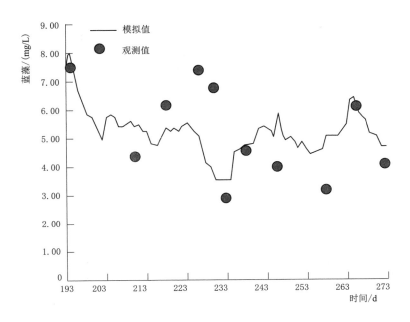

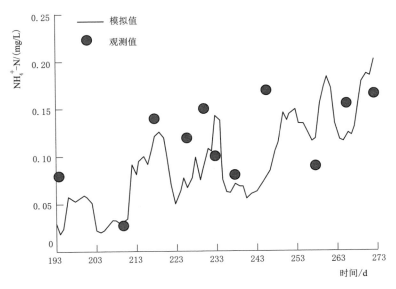

图 3.1 (一)　巢湖蓝藻、$NH_4^+ - N$、$NO_3^- - N$ 和 PO_4^{3-} 平均值
的趋势图

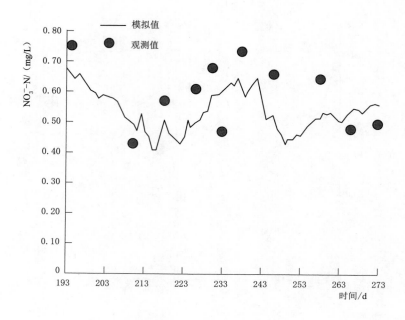

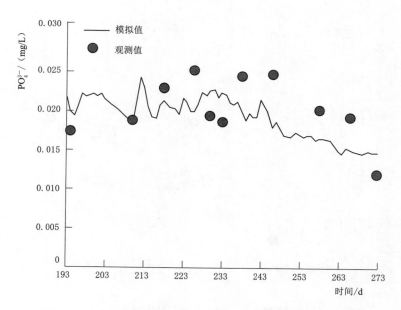

图 3.1（二）　巢湖蓝藻、$NH_4^+ - N$、$NO_3^- - N$ 和 PO_4^{3-} 平均值
的趋势图

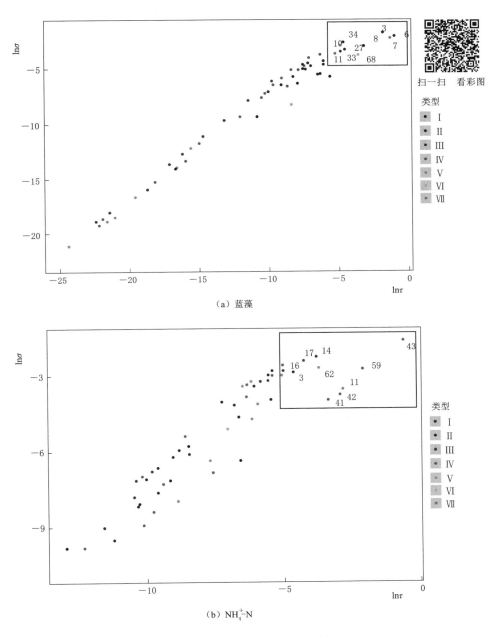

（a）蓝藻

（b）NH₄⁺-N

图 3.2（一）　参数筛选结果

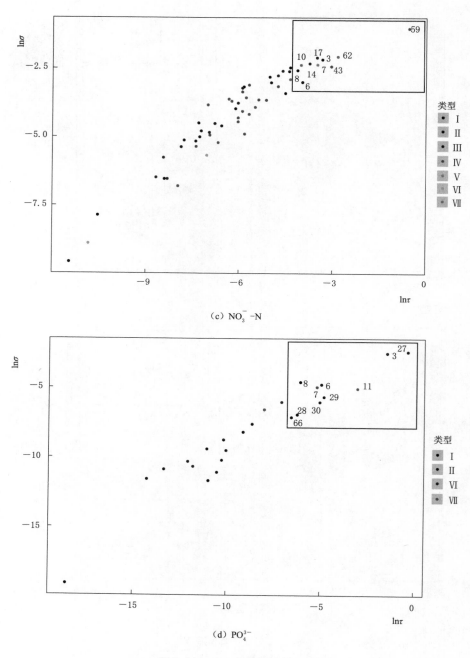

(c) $NO_3^- -N$

(d) PO_4^{3-}

图 3.2 (二)　参数筛选结果

从图 3.2（a）可以看出，对于蓝藻生物量而言，最敏感的两个参数是与藻类基础代谢过程有关的参数 6（BMR）和 7（KTB）。其次对蓝藻生物量具有较强影响的参数为藻类对磷摄取的半饱和常数 3（KHP）和藻类的参考被捕食率 8（PRR）。排名前四的参数的敏感性指数 τ 的总和占总敏感性的 90.31%。此外，尽管参数 68（KESS）和 27（KRP）对蓝藻生物量的影响不如前面 4 个参数显著，但它们的敏感性排名也进入前十。排名前十的参数的敏感性指数 τ 的总和占总敏感性的 97.5%。这些结果表明敏感性排名前十的参数对蓝藻生物量的影响占有绝对的主导地位。在参数所属的七个类型中，第 Ⅰ 类即藻类生消直接相关参数对蓝藻生物量具有显著的影响，其参数敏感性指数占总敏感性的 43%。第 Ⅱ 和 Ⅶ 类中的参数的敏感性指数分别占总敏感性指数的 20% 和 32%，这表明这些类型的参数对蓝藻生物量起着关键的作用。

从图 3.2（b）和（c）可以看出，对 $NH_4^+ - N$ 和 $NO_3^- - N$ 而言，最敏感的参数分别是 43（KDN）和 59（Nitm），它们都是与氮转化直接相关的参数；其次，参数 62（KTCOD）、3（KHP）、17（KDCALG）和 14（KDC）在 $NH_4^+ - N$ 和 $NO_3^- - N$ 的参数敏感性排名均位列前十。此外，参数 11（KTHDR）对 $NH_4^+ - N$ 的影响也相对较大，其在 $NH_4^+ - N$ 的敏感性参数排名中位列第 3，而对 $NO_3^- - N$ 的影响也位列第 12。$NH_4^+ - N$ 和 $NO_3^- - N$ 的敏感性排名前十的参数，其全局敏感性指数 τ 的和分别占总敏感性指数的 92.6% 和 84%。对 $NH_4^+ - N$ 和 $NO_3^- - N$ 而言，最敏感的参数类型都是第 Ⅳ 类即与氮转化相关的类型，其对应的第 Ⅳ 类参数敏感性指数分别占总敏感性指数的 80.2% 和 66%。此外，温度相关参数即第 Ⅶ 类中的参数也对 $NH_4^+ - N$ 和 $NO_3^- - N$ 浓度变化具有重要的影响，分别占 $NH_4^+ - N$ 和 $NO_3^- - N$ 总敏感性的 9.4% 和 12.3%。

因为某些参数对应的全局敏感性指数 τ 几乎是零，图 3.2（d）的敏感性结果有 26 个参数，27（KRP）和 3（KHP）是对 PO_4^{3-} 而言最敏感的两个参数，它们直接与磷转化相关。除此之外，在敏感性排名前十的参数中还有 4 个参数（KDP、KRPALG、KLP、KPO4T2D）是直接参与磷转化的。与磷转化相关的类型中参数的敏感性占总敏感性的 91%，这表明第 Ⅱ 类的参数对 PO_4^{3-} 的影响最大。在敏感性排名前十的参数中第 Ⅶ 类与温度影响相关的参数（KTHDR、KTB）和第 Ⅰ 类与藻类生消相关的参数（BMR、PRR）分别占总敏感性的 5.7% 和 2.9%，表明这些参数对 PO_4^{3-} 的影响也较为显著。

在此基础上研究了参数对整体巢湖水环境的影响，即用敏感性指数 β 研究参数对各主要水环境变量的平均敏感性。敏感性指数 β 排名前 25 的参数如图 3.3 所示。

其中，排名前 5 和前 10 的参数对四个变量的平均敏感性总和分别达到所有参数平均敏感性总和的 71.53% 和 88.80%。对于前 25 的参数对应的平均敏感性

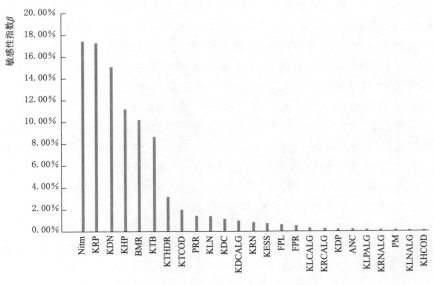

图 3.3   对于四个主要的水环境变量 β 排名前 25 的参数

总和已经达到所有参数平均敏感性的 96.72%。与其他类型参数相比，第Ⅳ、Ⅱ、Ⅰ和Ⅶ类中的参数占总平均敏感性比重均大于 10%。通过以上分析，筛选 β 排名前 25 的参数，进行后续巢湖二维富营养化模型的代理模型构建及参数的二维敏感性分析。

3.2   代理模型

直接计算大型湖泊二维富营养化模型参数的敏感性需要庞大的计算量，远不是个人计算机能够承受的。目前，几乎二维模型参数敏感性分析都需要在超过 100 个核心的超级计算机或计算机集群完成[65]，难以为普通研究者日常研究服务。为了克服计算量的困难，本节首先构建富营养化模型大数据分析平台，并结合参数筛选和 Kriging 模型构建了巢湖二维富营养化模型的代理模型，为后续在个人计算机上完成巢湖二维富营养化模型参数敏感性和优化确定等研究奠定基础。

3.2.1   富营养化模型大数据分析平台

富营养化模型的代理模型求解、参数敏感性分析以及参数多目标优化确定等研究都需要对数以千计甚至上万例的模型计算结果进行分析和计算，涉及的数据存储量非常巨大。以本书建立代理模型所需的 1500 次模型计算为例，其数据记录总数约为：每 12 小时计算时间保存一次模型输出，共 80d，160 个时间节点，4 个环境变量，约 15000 个网格，总计超过 150 亿条数据记录，总数据量约为 2100GB。如此庞大的数据量无论是存储管理、检索、分类及计算分析都是对研究者能力的极大考验。如果使用普通的数据管理方法，如 Excel 或文本文件存储数据，即使是目前较为先进的个人计算机 Intel Core i9 系列的 CPU，对如此巨大的数据量进行一次检索也需要约 10d，更无法进行后续计算。

事实上，数据量的庞大已经成为构建代理模型、分析参数敏感性和参数多目标优化确定等后续处理的重要阻碍。为了使代理模型的构建、参数的敏感性分析以及参数多目标优化确定等研究能够正常进行，本节构建了以 Python 语言为前台，以 PostgreSQL 开源数据库为后台支持的一整套湖泊富营养化模型的大数据分析软件。

3.2.1.1　数据分析前台设计

Python 是开源程序语言，对科学计算有着非常良好的支持。这一语言的 Numpy、Scipy 等模块已经在众多计算流体软件、有限元分析软件、地理信息系统软件中得到广泛的运用。而且 Python 绘图功能优秀，matplotlib 等模块的制图与可视化功能十分强大。同时，Python 和数据库的接口很方便，能够轻松地对数据库进行操作。

本研究运用 Python 建立的数据分析前台包括四个模块：EFDC 源文件分析、数据导入、数据分析以及数据后处理，具体如图 3.4 所示。

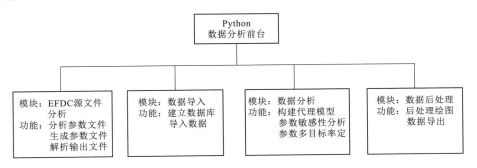

图 3.4　数据分析前台模块

EFDC 源文件分析模块主要实现对 EFDC 软件的分析参数文件、生成参数文件和解析输出文件等功能。分析参数文件即定位需要更改数值的参数位置；生成参数文件即根据参数文件分析结果以及样本采样策略生成 EFDC 模型需要的参数输入文件；解析输出文件是解析 EFDC 输出的二进制结果文件，根据研究者需要识别特定网格或特定时间点结果并转化为 ASCII 码的结果文件以方便后续的数据库导入和管理。

41

数据导入模块主要负责建立数据库及其下属的数据表，并将规定格式的模型计算结果导入数据库，以便数据分析模块的使用。为了提高导入数据以及后续处理的速度，该模块的功能被设计得非常灵活，它能够根据不同的时间点、网格编号或环境变量名启动多个 Python 核心对数据索引并建立数据表。这一模块还包括将代理模型、参数敏感性分析以及参数多目标优化确定等的分析结果导入数据库的功能。

数据分析模块的主要功能包括在 Numpy 和 Scipy 的基础上样本采样设计，构建代理模型，并对模型结果进行评估，对参数进行敏感性分析以及参数多目标率定。这一模块是模型数据分析的核心，其中集成了本书提出的新的抗噪多目标率定方法以及参数敏感性分析的 Sobol 计算方法等。

数据后处理模块功能相对简单，即负责对模型及分析结果进行可视化的展示以及按照指定格式输出，供其他软件处理。

在设计数据分析前台时充分考虑了现代多核心 CPU 计算机的特点，其中的源文件分析、数据导入和数据分析模块可以并发执行，而且数据分析模块可以根据参数结果同时生成多个符合要求的 EFDC 参数输入文件，并指定多个 EFDC 计算核心并行计算。比如在作者使用的 Intel i9 7920X（12 核心）的 CPU 上该模块可以同时启动 12 个 EFDC 模型进行计算，极大地提高了模型的计算效率。

本研究使用的是建立在 Anaconda 3 5.1 版本中的 Python 3.6，除了作者编写的模块以外，还主要利用了 Scipy、Numpy 模块并辅助构建代理模型及敏感性分析方法，利用 Psycopg2 模块连接并控制数据库，运用 matplotlib 模块进行绘图和可视化；其余的抗噪多目标率定方法、EFDC 文件解析、并行控制等功能以及数据分析前台的主控流程代码则完全由作者自己完成。

3.2.1.2 后台数据库设计

后台数据库主要提供数据的存储和管理功能，并为前台分析程序提供数据支持。经过多个数据库性能和拓展性的比较，采用 PostgreSQL 作为后台数据库。PostgreSQL 开源、成熟、性能优异，可以承受上千亿条数据的存储、检索和输出。图 3.5 所示是后台数据库的主要组成。

后台数据库由 EFDC 模型结果数据库、参数数据库以及数据分析结果数据库三部分组成。EFDC 模型结果数据库用于保存 EFDC 的计算结果。为了提高检索和存储的速度，减少数据存储量，计算结果按时间点为数据表名，不同时间点的结果分别保存数据表。每张数据表的字段包括参数组编号、网格编号、环境变量名以及计算结果。

参数数据库包括三张数据表，分别存储参数名称、参数值以及网格中心点坐标。参数名称的数据表包括参数编号以及参数名两个字段，参数值数据表包括每个样本的参数编号以及对应的参数组的值，网格中心点坐标数据表包括网

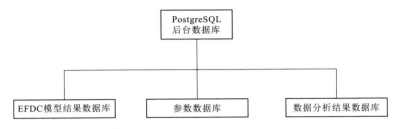

图 3.5   数据分析后台数据库模块

格索引以及网格中心对应的大地坐标。

　　数据分析结果数据库包括代理模型结果数据表以及参数敏感分析结果数据表。由于本研究为每个时间点不同的环境变量构建代理模型，所以代理模型结果数据表包括时间点编号、环境变量名以及代理模型结果参数等字段。参数敏感分析结果数据表用于存储不同时间点每个网格不同环境变量参数敏感性分析的结果，其字段包括时间点、网格索引、环境变量名以及各参数的敏感性分析结果。为了提高敏感性分析的速度，参数的总敏感性指数和一阶敏感性指数分析结果分开存储，所以本数据库中包括两张参数敏感分析结果数据表。进行可视化展示时，参数的一阶敏感性和总敏感性指数从数据库中直接提取，其余敏感性指数则由 Python 前台程序计算获得。多目标参数率定时，代理模型的 Python 程序从数据库中读取参数，并构建代理模型，获得指定结果。

　　本研究采用的数据库为 PostgreSQL 9.6.4。本数据分析系统构建后，经过测试后续研究所需各种结果在 Intel i9 7920X（12 核心）＋32GB＋GTX 1070 计算平台上的运算效率极大提高。

3.2.2   Kriging 模型

　　即使有数据库和系统前台分析软件的帮助，仍然需要构建代理模型才可能在个人计算机上完成模型参数二维敏感性分析、参数优化确定等工作。虽然大数据分析平台中，代理模型和 EFDC 模型被设计为两个并列的处理模块，但 EFDC 模型的作用是为代理模型提供样本点，它是代理模型的基础。图 3.6 总结了构建巢湖二维富营养化模型的代理模型构建流程。

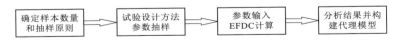

图 3.6   巢湖二维富营养化模型的代理模型构建流程

　　建立代理模型的第一步是应用试验设计方法确定设计空间中样本点的位置，即输入 EFDC 模型的参数组。抽样原则是样本点需要尽可能在设计空间中分布均匀以便获得更多设计空间的信息。本研究的试验设计方法选择目前应用较广泛的拉丁超立方抽样（latin hypercube sampling，LHS)，该方法具有易实现、均匀性较好的优点。

拉丁超立方抽样需要两个预处理步骤：首先是确定抽样的参数个数 m 以及总次数 n，这个抽样次数由处理的模型规模、问题的性质、解答精度以及所具有的运算能力共同决定；随后将每个参数范围按照等概率原则划分为 n 个互不重叠的子区间。

经过预处理后，整个参数空间被分成 n^m 个等概率的区间，直接在这么多的区间上采样计算需要的计算量非常惊人。但是，LHS 抽样通过三条规则确定最终的抽样点：①每个参数在各自的 n 个子区间内只抽样一次；②抽样点的参数在各自的子区间内均匀随机抽样；③每个样本点投影到任意维度时，每个等概率区间内有且仅有一个样本点。对于取值范围在 $[0,1]$ 内的参数，抽样点具体构造如下

$$x_j^i = \frac{U_j^i + \pi_j^i}{n}$$

式中：x_j^i 为第 j 个参数的第 i 个抽样点；U 为 $[0,1]$ 均匀分布的随机数；π_j^i 为 $\{0,1,\cdots,n-1\}$ 随机排列的不放回抽样。

拉丁超立方抽样本质上是一种分层抽样技术，分层抽样思想的运用大规模减少了抽样点的个数，很大程度上缓解了模型对计算力的渴求。拉丁超立方抽样方法已被运用于参数最优化、敏感性分析、蒙特卡罗计算等各个领域，并取得了良好的效果。

在 Kriging 模型中假设：观测值 y_i 是高斯过程 $Y(x)$ 的具体实现，$Y(x)$ 服从下式

$$Y(x) = \sum_{j=1}^m \alpha_j f_j(x) + z(x) \tag{3.5}$$

式中：$f_j(x)$ 为基函数，一般采用多项式基；$z(x)$ 为均值为 0、方差为 $\sigma^2(x)$ 的高斯过程的实现。假设方差 $\sigma^2(x)=\sigma^2$ 为定值，且不同点 x、x' 的高斯过程 $Z(x)$、$Z(x')$ 的协方差 $\text{Cov}[Z(x),Z(x')]$ 满足

$$\text{Cov}[Z(x),Z(x')] = \sigma^2 R(x,x') \tag{3.6}$$

式中：$R(x,x')$ 为相关函数。由多元高斯分布的定义可得 $z(x)$ 的似然函数 $L(\sigma^2,\boldsymbol{D})$ 为

$$L(\sigma^2,\boldsymbol{D}) = \frac{1}{\sqrt{(2\pi\sigma^2)^n |\boldsymbol{D}|}} \exp\left(-\frac{1}{2}\frac{\boldsymbol{Z}_s^{\mathrm{T}}\boldsymbol{D}^{-1}\boldsymbol{Z}_s}{\sigma^2}\right) \tag{3.7}$$

式中：$\boldsymbol{D}$ 为观测值 y_i 的相关函数矩阵；$\boldsymbol{Z}_s$ 为观测点对应 $z(x)$ 构成的行向量。将式（3.5）代入式（3.7），得

$$L(\sigma^2, \boldsymbol{D}, \alpha) = \frac{1}{\sqrt{(2\pi\sigma^2)^n |\boldsymbol{D}|}} \exp\left[-\frac{1}{2} \frac{(\boldsymbol{Y}_s - \boldsymbol{FA})^T \boldsymbol{D}^{-1} (\boldsymbol{Y}_s - \boldsymbol{FA})}{\sigma^2}\right] \quad (3.8)$$

其中 $\boldsymbol{F} = \begin{bmatrix} f_1(x_1) & f_2(x_1) & \cdots & f_m(x_1) \\ f_1(x_2) & f_2(x_2) & \cdots & f_m(x_2) \\ \vdots & \vdots & \vdots & \vdots \\ f_1(x_n) & f_2(x_n) & \cdots & f_m(x_n) \end{bmatrix}$，$\boldsymbol{Y}_s = \begin{bmatrix} y_1 & y_2 & \cdots & y_n \end{bmatrix}^T$，$\boldsymbol{A} = \begin{bmatrix} \alpha_1 & \alpha_2 & \cdots & \alpha_m \end{bmatrix}^T$

将似然函数取对数，利用极大似然法估计 σ^2 与 $\boldsymbol{A}$。得

$$\boldsymbol{A} = (\boldsymbol{F}^T \boldsymbol{D}^{-1} \boldsymbol{F}^{-1}) \boldsymbol{F}^T \boldsymbol{D}^{-1} \boldsymbol{Y}_s$$

$$\sigma^2 = \frac{1}{n} (\boldsymbol{Y}_s - \boldsymbol{FA})^T \boldsymbol{D}^{-1} (\boldsymbol{Y}_s - \boldsymbol{FA}) \quad (3.9)$$

R 无法求出对应的解析解，故将式（3.9）代入对数似然函数，并忽略常数，得

$$\ln L = -\frac{1}{2} \ln \sigma^2 - \frac{1}{2} \ln |\boldsymbol{D}| \quad (3.10)$$

相关函数 $R(x, x')$ 一般假设为如下形式

$$R(x, x') = \prod_{k=1}^{m} R_k(\theta_k, x_k - x'_k) \quad (3.11)$$

将式（3.11）代入式（3.10）并令对数似然函数最大，即可求得相关参数的值。

同时，Kriging 模型将 x 处的估计值 $\hat{y}(x)$ 表示为已知点的值 y_i（$i = 1, 2, \cdots, n$）的线性加权，即

$$\hat{y}(x) = \sum_{i=1}^{n} w_i y_i \quad (3.12)$$

为了实现对 $\hat{y}(x)$ 的估计，定义估计值的均方误差 $MSE[\hat{y}(x)]$ 作为损失函数，即

$$MSE[\hat{y}(x)] = E\left[\sum_{i=1}^{n} w_i y_i - Y(x)\right]^2 \quad (3.13)$$

Kriging 模型通过最小化该损失函数来获得 w_i，为了获得 w_i 的更优良的估计，需要估计同时满足无偏性，即

$$E\left[\sum_{i=1}^{n} w_i y_i\right] = E[Y(x)] \quad (3.14)$$

利用拉格朗日乘子法求解式（3.13）、式（3.14）的等式约束问题，并将式（3.9）代入，可得

$$\hat{y}(x) = \boldsymbol{GA} + \boldsymbol{r}\boldsymbol{D}^{-1}(\boldsymbol{Y}_s - \boldsymbol{FA}) \quad (3.15)$$

其中 $G = \begin{bmatrix} f_1(x) & f_2(x) & \cdots & f_m(x) \end{bmatrix}$，$r = \begin{bmatrix} R(x_1, x) & R(x_2, x) & \cdots \end{bmatrix}$
$R(x_n, x) \end{bmatrix}^{\mathrm{T}}$。

3.2.3　结果与讨论

由于 Kriging 模型在时间序列上的研究刚起步，应用较少且不成熟，所以本研究将不同时间点原始 EFDC 模型输出结果分开，分别建立代理模型，即时间不作为自变量参与代理模型。经过参数筛选，代理模型涉及的重要参数共有 25个，并配合网格中心点坐标，所以每个 Kriging 模型有 27 个自变量。不同时间点的代理模型都运用线性基函数，相关函数则是常数核、Matern 核的和，即

$$H(r) = \frac{2^{1-\nu}}{\Gamma(\nu)} \left(\frac{\sqrt{2\nu} r}{l} \right)^{\nu} K_{\nu} \left(\frac{\sqrt{2\nu} r}{l} \right) + C$$

式中：C、ν 和 l 为三个需要估计的常数；r 为参数组之间的欧氏距离；Γ 为伽玛（gamma）函数；K_{ν} 为第二类贝塞尔（Bessel）函数。Matern 核是高斯函数的推广，当 $\nu \to \infty$ 时，Matern 核即退化为高斯核。

本研究先运用 LHS 方法在参数组范围内抽取 1500 组参数样本，并计算得到其对应的环境变量结果。随后使用 1000 组样本训练构建代理模型，500 组样本用于验证代理模型结果。对于不同时间点的代理模型，其对应的相关函数中的常数 C 区别较大，但 ν 和 l 区别较小。经过多次迭代求解收敛后，代理模型的 ν 在 $1.3 \sim 1.7$ 范围内，而 l 则为 $2.2 \sim 2.8$。

表 3.1 给出了蓝藻生物量、$NH_4^+ - N$、$NO_3^- - N$ 和 PO_4^{3-} 浓度的代理模型在训练集和验证集样本上的决定系数（R^2）以及相对误差（RE）的结果。

表 3.1　　　　　　　　　　代理模型误差统计

变量	统计特征	决定系数 R^2		相对误差 RE/%	
		训练集	验证集	训练集	验证集
蓝藻	最小	0.92	0.82	3.56	2.21
	平均	0.95	0.90	6.32	8.15
	最大	0.98	0.96	10.78	16.35
$NH_4^+ - N$	最小	0.96	0.85	0.81	1.13
	平均	0.98	0.91	4.34	5.67
	最大	0.99	0.96	8.91	10.23
$NO_3^- - N$	最小	0.94	0.87	2.75	3.25
	平均	0.97	0.92	4.63	6.56
	最大	0.99	0.99	11.87	13.76

续表

变量	统计特征	决定系数 R^2		相对误差 $RE/\%$	
		训练集	验证集	训练集	验证集
PO_4^{3-}	最小	0.91	0.80	5.67	6.71
	平均	0.95	0.87	8.99	10.23
	最大	0.97	0.95	15.31	18.52

相对而言，NH_4^+-N 及 NO_3^--N 代理模型的精度最好，蓝藻和 PO_4^{3-} 的代理模型结果稍差。从区域来看，东巢湖的代理模型精度比西巢湖代理模型精度高，而西巢湖南淝河口重污染区域代理模型结果精度最差。

总体而言，本节构建的 Kriging 代理模型在训练集和验证集上整体表现都非常出色。无论是决定系数或是相对误差的结果都表明 Kriging 代理模型计算结果与 EFDC 程序计算的结果吻合良好，代理模型可以代替 EFDC 原始程序进一步评估巢湖富营养化模型中参数的敏感性和重要性，并进行多目标参数的率定。

在前一章的基础上，本章构建了巢湖富营养化模型大数据分析平台及代理模型。需要指出的是，大数据分析平台和代理模型是进行后续参数敏感性分析以及率定等分析的基础条件。完成本研究主体即参数敏感性、多目标优化确定以及参数不确定性分析所需的 EFDC 计算量超过 14 万次，在较高配置的个人CPU，Intel i9 7920X 上完成所有计算约需不间断计算 600 多天，即接近两年。使用本大数据分析平台和代理模型后，所有计算在 15d 内完成，其中大部分时间消耗于建立代理模型所需的巢湖富营养化模型的 1500 个算例。建立代理模型后，本数据平台和代理模型可以在 48h 自动完成 14 万次的模型评估并输出结果，计算效率提高近 300 倍，为之后的参数敏感性分析及多目标参数优化确定等研究奠定了基础。

3.3　巢湖富营养化模型参数敏感性分析

巢湖二维富营养化模型的代理模型和大数据分析平台的构建克服了计算和数据管理瓶颈，极大地提高了分析效率。在此基础上，本节选用 Sobol 敏感性定量分析方法，对巢湖二维富营养化模型重要参数进行敏感性分析。

3.3.1　Sobol 敏感性定量分析方法

在诸多定量研究参数全局敏感性的方法中，Sobol 敏感性定量分析方法[67]及其变形是最常用的方法之一。该方法的主要优点是基础理论严谨，计算方法成熟，便于实际运用，且可以分析参数间的非线性作用，对模型本身的要求非

常低。本节从方差分解的角度推导 Sobol 方法,基本思路如下:

假设模型函数表示为 $Y = f(x_1, x_2, \cdots, x_k)$,其中 Y 是模型输出,x_1,$x_2, \cdots, x_k$ 是模型输入参数。由于在绝大多数情况下该模型函数总是平方可积,即 $f \in L^2$,则模型输出都可以唯一地分解为式(3.16)所示 2^k 个函数的和

$$f(x_1, x_2, \cdots, x_k) = f_0 + \sum_{i=1}^{k} f_i(x_i) + \sum_{i<j}^{k} f_{i,j}(x_i, x_j) + \cdots + f_{1,2,\cdots,k-1}(x_1, x_2, \cdots, x_k)$$

(3.16)

分解的每个函数,包括常值函数,都必须满足正交性,即

$$\iint_{\Omega} f_S f_T \mathrm{d}\Omega = 0, \ S \neq T$$

(3.17)

式中:Ω 为函数 f_S, f_T 所涉及的自变量定义域的笛卡儿积。函数 $f_0, f_1, \cdots$,$f_{1,2,\cdots,k}$ 可以利用正交性和分解的唯一性估计得到,即

$$\int f(x_1, x_2, \cdots, x_k) \prod_{l=0}^{k} \mathrm{d}x_l = f_0$$

(3.18)

$$\int f(x_1, x_2, \cdots, x_k) \prod_{l=0, l \neq i}^{k} \mathrm{d}x_l = f_0 + f_i(x_i)$$

(3.19)

$$\int f(x_1, x_2, \cdots, x_k) \prod_{l=0, l \neq i,j}^{k} \mathrm{d}x_l = f_0 + f_i(x_i) + f_j(x_j) + f_{i,j}(x_i, x_j)$$

(3.20)

由于式(3.18)可被定义为模型输出 Y 的数学期望 $E(Y)$,因此可定义模型输出的总方差 $D(Y)$ 并利用函数的正交性

$$D(Y) = E(Y^2) - E^2(Y) = \int f^2(x_1, x_2, \cdots, x_k) \prod_{l=0}^{k} \mathrm{d}x_l - f_0^2$$

$$= \sum_{n=1}^{k} \sum_{i_1 < i_2 < \cdots < i_n}^{k} \int f_{i_1 \cdots i_n}^2 \prod_{i_1}^{i_n} \mathrm{d}x_i$$

(3.21)

同理,式(3.19)模型输出 Y 对参数 x_i 的条件期望,在此基础上计算 Y 对参数 x_i 的条件期望方差 D_i

$$D_i[E(Y \mid x_i)] = E[E^2(Y \mid x_i)] - E^2[E(Y \mid x_i)] = \int f_i^2(x_i) \mathrm{d}x_i = D[f_i(x_i)]$$

(3.22)

类似地,其余分解函数的平方积分都可被定义为各参数的条件期望的方差。

同时在式(3.16)两端取方差,利用分解函数的正交性,可得

$$D(Y) = \sum_{i=1}^{k} D_i + \sum_{i<j}^{k} D_{i,j} + \cdots + D_{1,2,\cdots,k}$$

(3.23)

从式(3.21)~式(3.23)可以发现,模型输出按照式(3.16)分解后,每个分解函数平方的积分都是模型输出在参数上条件期望的方差,且这些方差的

总和等于模型输出的总方差。

式（3.23）两端同时除以 $D(Y)$，可得

$$\sum_{i=1}^{k} S_i + \sum_{i<j}^{k} S_{i,j} + \cdots + S_{1,2,\cdots,k} = 1 \qquad (3.24)$$

其中，定义参数 x_i 的一阶敏感性指数 S_i 以及参数 x_i、x_j 的相互作用指数 $S_{i,j}$ 分别为

$$S_i = \frac{D_i}{D(Y)} \qquad (3.25)$$

$$S_{i,j} = \frac{D_{i,j}}{D(Y)} \qquad (3.26)$$

其余指数以此类推定义即可。进一步，定义参数 x_i 的总敏感性指数 $S_{T_i} = \sum S_{(i)}$，即所有包含参数 x_i 的敏感性指数之和；定义参数 x_i 与其他所有参数相互作用的指数 $S_{I_i} = S_{T_i} - S_i$；定义参数 x_i 的总敏感性指数 S_{T_i} 占比 $S_{TR_i} = \dfrac{S_{T_i}}{\sum\limits_{i=1}^{k} S_{T_i}}$，相互作用强度 $S_{R_i} = 1 - \dfrac{S_i}{S_{T_i}}$。

由于模型输出的总方差以及条件期望的方差都由函数的积分定义，因此 Sobol 敏感性指数通常都运用蒙特卡罗方法计算，具体计算过程可参见文献 [67]。蒙特卡罗方法需要大量的输出样本求解，在本研究中这些样本都由前文建立的代理模型给出。

本节运用 Sobol 方法对 3.1 节筛选出的 25 个重要参数进行巢湖二维富营养化模型参数的敏感性分析。在蓝藻不同生消时期和不同区域，参数的敏感性可能不同。因此，首次研究蓝藻不同生消时期主要水环境变量参数的敏感性差异；进一步主要研究参数敏感性的空间分布特征。由于参数的概率分布没有先验，假设参数的先验分布服从均匀分布，变化范围为 ±75%，蒙特卡罗抽样 10000 个样本，参数的默认值见表 2.1。

3.3.2　蓝藻不同生消时期参数敏感性分析

富营养化模型在蓝藻不同生消时期主要水环境变量参数的敏感性可能不同，但鲜有此方面的研究。本节着重研究蓝藻不同生消时期，水环境变量参数敏感性的差异。由于东西巢湖水环境状态差异较大且相应的蓝藻生消并不同步，因此，研究参数敏感性的空间平均意义不大。另外，尽管蓝藻在巢湖各区域生消并不同步，蓝藻生消都必须依次经历蓝藻增长初期、蓝藻增长中期、蓝藻下降初期以及蓝藻下降中期这四个典型状态，即蓝藻生物量从极小值增长为极大值，

又从极大值向极小值转变的过程。这个过程中参数的敏感性可能随着蓝藻生物量的变化而变化，因此，以蓝藻生消状态为参照研究参数的敏感性具有重要意义。以蓝藻生消状态为参照，6 个站点参数敏感性结果类似，所以选择位于巢湖中部的 3 号监测点进行详细分析，其对应的四个典型天分别为 2009 年 8 月 21 日、8 月 26 日、8 月 8 日以及 8 月 14 日。

3.3.2.1 蓝藻增长期参数敏感性分析

从图 3.7（a）可以看出，蓝藻增长初期最关键的参数是 PM 和 KESS，它们的总敏感性指数 S_T 分别为 0.38 和 0.27，且比其他参数敏感性大 2 倍多。其次，控制蓝藻基础代谢的 BMR 和 KTB 也对蓝藻生物量具有较大影响，两者的 S_T 均大于 0.08。此外，参数如 PRR 和 KTHDR 对藻类生消也具有一定的影响，其中 KTHDR 对应的一阶敏感性指数 S 占 S_T 的比例非常小，表明该参数主要是通过与其他参数的相互作用影响蓝藻生消，而 PRR 则更多的是通过直接作用影响蓝藻生消。

图 3.7（b）显示 $NH_4^+ - N$ 最关键的参数主要是与其自身转化过程直接相关的参数，如 Nitm 和 KDN，对应的 S_T 分别为 0.30 和 0.18。参数 PM、KESS、KHCOD 和 KTHDR 对 $NH_4^+ - N$ 也具有较大的影响，它们的 S_T 均大于 0.08。其中参数 KESS 和 KHCOD 的一阶敏感性指数 S 与 S_T 相差较大，表明它们主要通过与其他参数的相互作用来影响 $NH_4^+ - N$ 转化过程，这一特征是与 $NH_4^+ - N$ 转化的机理相符合的。

在图 3.7（c）中，$NO_3^- - N$ 最关键的参数主要是 Nitm 和 KDN，其 S_T 分别为 0.38 和 0.22。KESS、KHCOD 等参数对 $NO_3^- - N$ 的转化也较关键，它们的 S_T 均大于 0.08。其中 KESS、KHCOD 一阶敏感性指数 S 与 S_T 相差较大，表明它们与其他参数具有较强的相互作用。此外，$NO_3^- - N$ 的敏感参数分布相对 $NH_4^+ - N$ 的敏感参数分布更均匀，其 S_T 的方差只有 0.15，而 $NH_4^+ - N$ 的 S_T 方差高达 0.27 左右，表明 $NH_4^+ - N$ 转化过程中不同参数的敏感性差异非常大，$NH_4^+ - N$ 结果的变化可以用少数参数的变化解释。

从图 3.7（d）可以看到，相较于 $NO_3^- - N$ 和 $NH_4^+ - N$ 的结果，PO_4^{3-} 的关键参数分布非常均匀，其 S_T 的方差仅有 0.09，表明 PO_4^{3-} 的控制参数较多。参数 KRP、KDP 和 KTHDR 是 PO_4^{3-} 最关键的三个参数，这些参数的 S_T 均大于 0.15。其中 KRP 和 KTHDR 对应的一阶敏感性指数 S 与 S_T 相差不大，表明它们主要都是直接作用于 PO_4^{3-} 的转化。此外，PM、KESS 和 KHCOD 对 PO_4^{3-} 也具有较大的影响，它们的 S_T 均大于 0.08，但它们的 S 占 S_T 的比例都非常小，这些参数对应的 S_R 的均值已经达到 95% 以上，表明它们主要通过与其他参数的相互作用影响 PO_4^{3-} 转化。

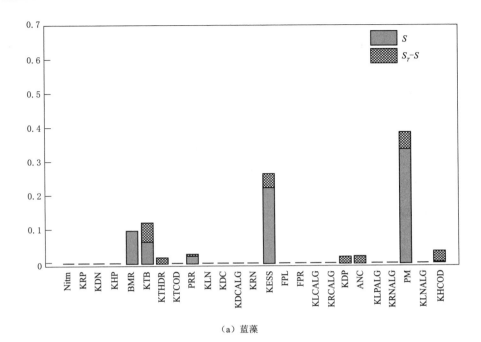

（a）蓝藻

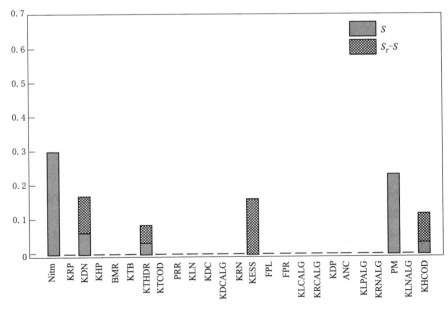

（b）NH$_4^+$-N

图 3.7（一）　蓝藻增长初期参数敏感性

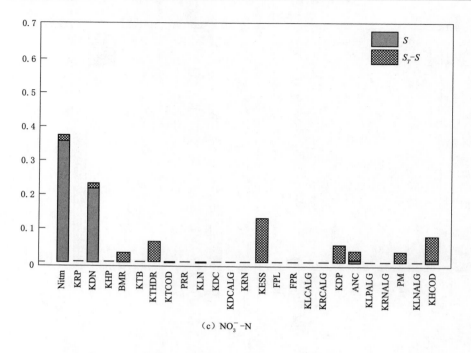

(c) $NO_3^- - N$

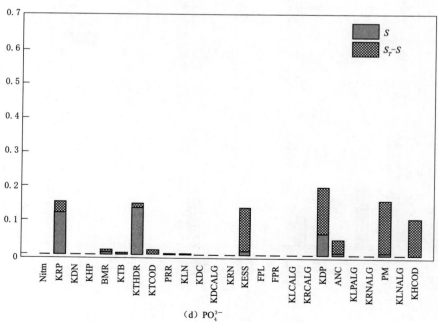

(d) PO_4^{3-}

图 3.7（二） 蓝藻增长初期参数敏感性

从图 3.8（a）可以看出，相比较蓝藻增长初期，蓝藻增长中期的关键参数分布较为均匀，此时期蓝藻最关键的 4 个参数为 PM、KESS、BMR 和 KTB，其对应的 S_T 分别为 0.29、0.18、0.23 和 0.19。参数 PM、KESS 的 S_T 较藻类增长初期分别减少了 23.7%、33.3%；而 BMR 和 KTB 的重要性有较大增加，它们的 S_T 则分别增加了约 1.3 倍和 0.6 倍。

在 3.8（b）中，对于 $NH_4^+ - N$ 最关键的参数是 Nitm、KDN，它们对应的 S_T 分别为 0.49 和 0.32。此外，类似于蓝藻增长初期，参数 KESS、PM 也是 $NH_4^+ - N$ 较为关键的参数，两者对应的 S_T 均大于 0.08，且 S 占 S_T 的比重几乎为 0，说明它们都是通过与其他参数的相互作用间接影响 $NH_4^+ - N$ 转化。

从在 3.8（c）中可以得到，参数 Nitm 和 KDN 依然是 $NO_3^- - N$ 的关键参数。同时，参数 BMR 和 PM 对 $NO_3^- - N$ 也具有较大的影响，其总敏感性指数均大于 0.08；两者的 S_R 分别为 56.3% 和 68.8%，说明它们通过影响蓝藻生消过程间接影响 $NO_3^- - N$ 的转化。此外，参数与温度相关的参数 KTHDR 和与溶解氧循环的参数 KHCOD 也对 $NO_3^- - N$ 具有一定的影响，它们对应的 S 占 S_T 的比重几乎为 0，说明主要是通过间接作用影响 $NO_3^- - N$ 的转化。

类似于蓝藻增长初期，从图 3.8（d）可以得到 PO_4^{3-} 最关键的三个参数依然是 KRP、KTHDR 和 KDP，且它们的 S 占 S_T 比重非常大，再次表明了这三个参数对 PO_4^{3-} 转化的重要性。其他参数如 KESS、PM 和 KHCOD 主要是通过与其他参数的相互作用对 PO_4^{3-} 的转化产生影响，但是这些参数的 S_T 相比较蓝藻增长初期均有所下降。这表明由于蓝藻基础代谢过程较其在蓝藻增长初期的重要性有所增加，且 KESS、PM 都与蓝藻基础代谢没有直接关系，因此使两个参数的 S_T 减小。

3.3.2.2　蓝藻下降期参数敏感性分析

从图 3.9（a）可以得出，在蓝藻下降初期，最关键的参数是 BMR，其次是 KTB；两者的 S_T 分别为 0.57 和 0.26，它们的总敏感性指数比其他参数大 4 倍以上。相比较蓝藻增长初期，两者 S_T 分别增加了约 5 倍和 1 倍，而与蓝藻生长相关的参数 PM 和 KESS 对应的 S_T 显著下降了约 78.9% 和 81.6%，说明此时期有关蓝藻基础代谢的参数对蓝藻的生消影响起着绝对的主导作用。

蓝藻下降初期营养盐的关键参数与蓝藻增长时期情况类似。对 $NH_4^+ - N$ 而言，较最关键的参数依然是 Nitm 和 KDN，对应的 S_T 分别为 0.56 和 0.21，比其他参数的 S_T 约大 2 倍。对 $NO_3^- - N$ 最关键的参数也是与其自身转化有关的参数，即 Nitm、KDN 和 KLN，它们对应的 S_T 分别为 0.51、0.27 和 0.11；此外，参数 KESS、KHCOD 等对 $NO_3^- - N$ 也具有一定的影响。类似地，对 PO_4^{3-} 而言较关键的 3 个参数为 KRP、KTHDR 和 KDP，对应的 S 与 S_T 占比的均值

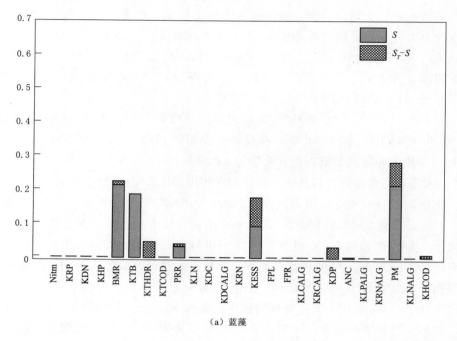

（a）蓝藻

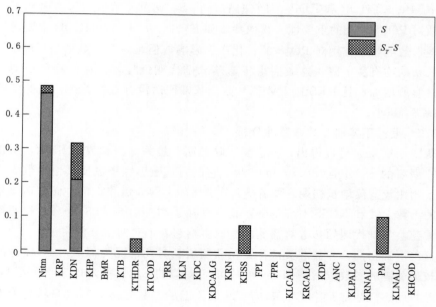

（b）NH$_4^+$-N

图 3.8（一） 蓝藻增长中期参数敏感性

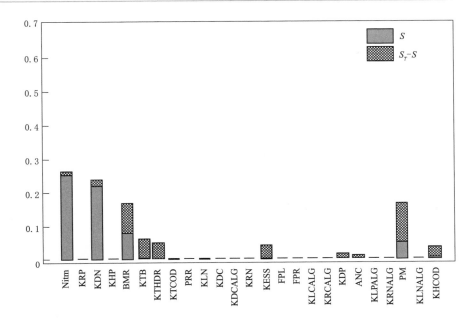

（c）$NO_3^- -N$

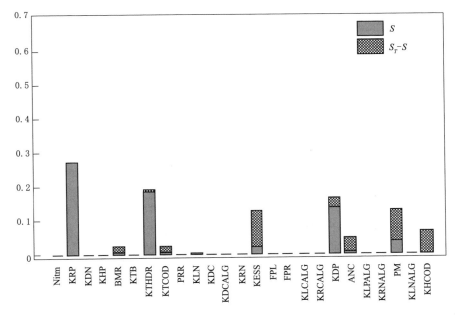

（d）PO_4^{3-}

图 3.8（二）　蓝藻增长中期参数敏感性

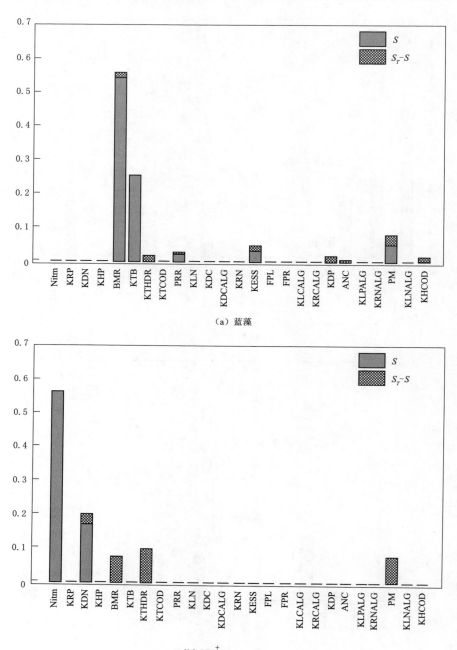

（a）蓝藻

（b）NH$_4^+$-N

图 3.9（一） 蓝藻下降初期参数敏感性

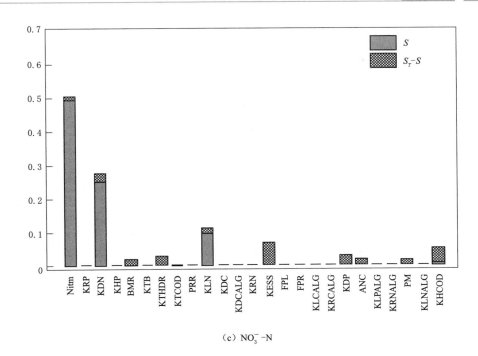

（c）NO$_3^-$-N

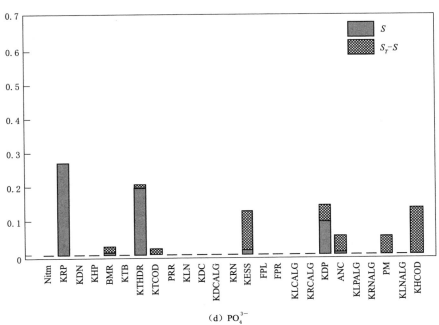

（d）PO$_4^{3-}$

图 3.9（二）　蓝藻下降初期参数敏感性

达到 80% 以上，表明它们主要都是通过直接作用影响 PO_4^{3-} 的转化过程。参数 KESS、KHCOD 等也对 PO_4^{3-} 具有较大的影响，其对应的 S_R 均大于 90%，表明这些参数主要都是通过与其他参数的相互作用来影响 PO_4^{3-} 的转化。

与蓝藻增长中期类似，蓝藻下降中期关键的 4 个参数分别 BMR、KTB、PM 和 KESS 且 S_T 分布也较为均匀。BMR 和 PM 是蓝藻最关键的两个参数，对应的 S_T 都大于 0.30 且两者的区别不大；说明此时蓝藻的生长和基础代谢对蓝藻生物量的影响相差不大。其中 PM 的一阶敏感性指数占总敏感性指数的 67.8%，而 S_R 为 32.2%，这说明此时 PM 的独立作用和与其他参数的相互作用均较为显著，而 BMR 则显然以对蓝藻生物量的直接影响为主。

蓝藻下降中期对 NH_4^+-N 和 NO_3^--N 最关键的参数都是 Nitm，其 S_T 分别为 0.42 和 0.25；此外，参数 KDN 也是 NH_4^+-N 和 NO_3^--N 都比较关键的参数。这些都是与氮转化过程直接相关的参数。不同的是，相比较 NH_4^+-N 而言，NO_3^--N 的关键参数较多且 S_T 分布也相对均匀，BMR、KTB、KESS 都对 NO_3^--N 的转化具有一定的影响。对 PO_4^{3-} 较关键的参数是 KRP、KDP 和 KTHDR，对应的 S_T 均大于 0.08，且它们主要都是直接作用于 PO_4^{3-} 的转化；而 KESS 和 KHCOD 等对 PO_4^{3-} 的影响也较大，但它们主要通过与其他参数的相互作用影响 PO_4^{3-} 的转化，这些参数的 S_R 均值已经达到 90% 以上。

总而言之，通过对蓝藻不同生消时期主要水环境变量的参数敏感性分析可以发现：蓝藻不同生长时期，其关键参数不同。蓝藻增长初期最关键的参数是与其生长过程相关的参数 PM、KESS；而与基础代谢过程相关的参数 BMR、KTB 的敏感性指数相对较小。随着蓝藻的生长，基础代谢过程对蓝藻生物量影响增加，从而使 BMR、KTB 的重要性凸显；在蓝藻增长中期，即生长最快阶段，BMR、KTB、PM 和 KESS 的 S_T 区别不大；此后，PM 和 KESS 的敏感性继续下降直至蓝藻生物量的顶峰阶段。而蓝藻下降阶段与此相反。

在蓝藻不同的生消时期，7 个参数类型中对蓝藻最重要的是第 I 类即与蓝藻生消直接相关的类型；其次是第 VI 类与光照相关的类型和第 VII 类与温度相关的类型；而与营养盐转化相关的第 II 类和第 IV 类则更次之。这表明对于巢湖这样富营养化严重的浅水湖泊，夏秋之交时其蓝藻的限制性因子更可能是温度或光照。

相对蓝藻在其生消时期各关键参数的变化情况，营养盐的关键参数总体差异不大。其中，营养盐最为关键的参数都是与各自转化过程直接相关的参数：对 NH_4^+-N 而言关键的参数为 Nitm 和 KDN，NO_3^--N 的关键参数也为 Nitm 和 KDN，PO_4^{3-} 的关键参数 KRP、KDP 和 KTHDR。与此同时，与藻类生消以及光照相关的参数也对营养盐也有着非常重要的影响，但这些参数主要通过与其他参数之间的相互作用而间接影响营养盐的转化。

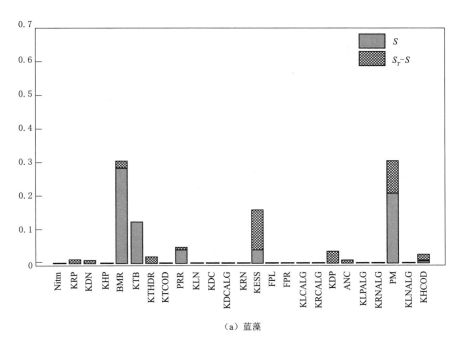

（a）蓝藻

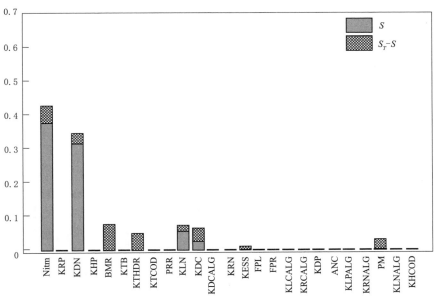

（b）NH$_4^+$-N

图 3.10（一）　蓝藻下降中期参数敏感性

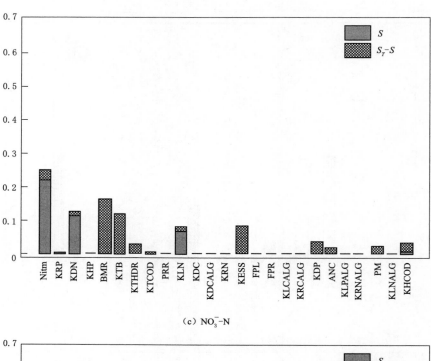

（c）NO$_3^-$-N

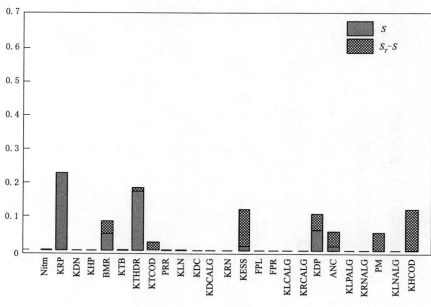

（d）PO$_4^{3-}$

图 3.10（二）　蓝藻下降中期参数敏感性

3.3.3 参数敏感性的空间分布特征

3.3.3.1 典型监测点参数敏感性分析

本节分析在各监测点时间平均结果下，巢湖 6 个监测点上蓝藻和营养盐的关键参数。表 3.2～表 3.5 分别给出了蓝藻生物量、$NH_4^+ - N$、$NO_3^- - N$ 和 PO_4^{3-} 浓度在 6 个监测点排名前 10 的关键参数，这些参数的总敏感性指数占比 S_{TR} 之和已达到 70% 以上。

表 3.2　　　　　　　监测点蓝藻生物量关键参数的总敏感性指数占比　　　　　　%

序号	1号监测点		2号监测点		3号监测点	
	参数	S_{TR_i}	参数	S_{TR_i}	参数	S_{TR_i}
1	BMR	34.25	BMR	33.07	BMR	34.92
2	PM	9.78	PM	10.92	PM	11.34
3	KTB	9.53	KTB	10.34	KTB	10.27
4	KESS	8.75	KESS	9.03	KESS	9.85
5	PRR	4.04	PRR	4.47	PRR	5.32
6	KDP	3.49	ANC	2.76	KDP	2.21
7	ANC	2.48	KDP	2.59	KTHDR	2.18
8	KTHDR	2.07	KTHDR	1.94	ANC	2.04
9	KHCOD	1.63	KHCOD	1.87	KHCOD	1.71
10	KRP	0.97	KTCOD	0.78	KTCOD	0.59

序号	4号监测点		5号监测点		6号监测点	
	参数	S_{TR_i}	参数	S_{TR_i}	参数	S_{TR_i}
1	PM	33.14	BMR	33.06	BMR	40.51
2	BMR	30.24	PM	10.78	KESS	15.39
3	KESS	11.27	KTB	10.36	PM	13.86
4	PRR	10.34	KESS	8.91	KTB	5.36
5	KDP	5.22	PRR	4.52	KDP	3.27
6	KTB	3.13	KDP	2.39	PRR	3.05
7	ANC	0.72	ANC	2.07	KHCOD	1.42
8	KHCOD	0.35	KTHDR	1.76	KTHDR	0.97
9	KTHDR	0.11	KHCOD	1.55	ANC	0.63
10	KTCOD	0.04	KTCOD	0.67	KTCOD	0.48

从表 3.2 可以发现，蓝藻 1～3 号监测点和 5 号监测点的关键参数排序差别不大，关键参数的排名总体一致。最关键的参数都是与蓝藻基础代谢相关的

BMR，其对应的 S_{TR} 均达到 30% 以上；其次是与藻类生长过程有关的参数 PM，对应的 S_{TR} 均达到 9% 以上。这是由于巢湖夏季蓝藻的生物量接近峰值，因此其基础代谢过程比生长过程更为重要。这两个最关键的参数都属于第 Ⅰ 类与藻类生消相关的类型，说明第 Ⅰ 类是影响蓝藻平均生物量最重要的类型。第 Ⅶ 类中的参数 KTB 和第 Ⅵ 类中的参数 KESS 也是蓝藻较为关键的参数，它们对应的 S_{TR} 在这 4 个监测点均达到 8% 以上，说明蓝藻平均生物量对温度和光照条件均较敏感。此外，参数 PRR 和 KDP 也对蓝藻具有一定的影响，它们对应的 S_{TR} 在这 4 个监测点均达到 2% 以上。

4 号监测点和 6 号监测点的关键参数排序与其他 4 个监测点有所区别。4 号监测点 PM 与 BMR 的敏感性相差不大，说明在 4 号监测点蓝藻的生长过程和基础代谢过程都同样重要。6 号监测点最关键的参数依然是 BMR，但其对应的 S_{TR} 为 40.51%，至少比其他监测点大 5%。不同于其他监测点结果，4 号监测点和 6 号监测点位于巢湖湖体边缘，其地形和流场复杂，边界条件影响较大，因此，敏感性分析表明环境变量的关键参数也受到湖泊的边界条件、流场、地形等因素的影响。

表 3.3　　　　　　监测点 $NH_4^+ - N$ 浓度关键参数的总敏感性指数占比　　　　　　%

序号	1 号监测点		2 号监测点		3 号监测点	
	参数	S_{TR_i}	参数	S_{TR_i}	参数	S_{TR_i}
1	Nitm	42.06	Nitm	41.89	Nitm	41.78
2	KDN	22.82	KDN	23.16	KDN	23.05
3	PM	11.87	PM	11.74	PM	11.95
4	KESS	7.93	KESS	7.88	KESS	7.71
5	KTHDR	5.78	KTHDR	5.05	KTHDR	5.65
6	KHCOD	2.95	KHCOD	3.02	KHCOD	2.98
7	BMR	1.36	BMR	1.43	BMR	1.42
8	KLN	0.29	KLN	0.27	KDC	0.26
9	KDC	0.21	KDC	0.21	KLN	0.20
10	KHP	0.18	KHP	0.13	KHP	0.19

序号	4 号监测点		5 号监测点		6 号监测点	
	参数	S_{TR_i}	参数	S_{TR_i}	参数	S_{TR_i}
1	Nitm	41.95	Nitm	42.01	KDN	36.92
2	KDN	22.88	KDN	23.32	Nitm	32.74
3	PM	12.02	PM	12.15	KTHDR	10.11
4	KTHDR	8.68	KESS	7.84	KESS	7.94

续表

序号	4号监测点		5号监测点		6号监测点	
	参数	S_{TR_i}	参数	S_{TR_i}	参数	S_{TR_i}
5	KESS	6.56	KTHDR	5.73	PM	5.56
6	KHCOD	2.92	KHCOD	2.84	BMR	1.48
7	BMR	1.39	BMR	1.41	KHCOD	1.22
8	KLN	0.23	KLN	0.26	KDC	0.17
9	KHP	0.21	KDC	0.23	ANC	0.15
10	KDC	0.18	KHP	0.17	KLN	0.09

6号监测点与1～5号监测点中 $NH_4^+ - N$ 的关键参数排名略有差别。6号监测点对 $NH_4^+ - N$ 最关键的参数是 KDN，其次是 Nitm；第Ⅶ类中的参数 KTHDR 也较其他监测点结果排名更靠前。总体上6个监测点最关键的两个参数都是 Nitm 和 KDN，此外参数 KLN 对 $NH_4^+ - N$ 的影响也排入前10，这些参数均属于第Ⅳ类；说明该类型是影响 $NH_4^+ - N$ 转化最重要的类型。第Ⅰ类中的参数 PM、BMR 均对 $NH_4^+ - N$ 具有一定的影响，尤其是 PM 其在6个监测点对应的 S_{TR} 排名均位列前5。第Ⅱ类中的参数 KHP 对 $NH_4^+ - N$ 的影响排名也进入前10，可能是通过影响蓝藻的生消过程间接影响 $NH_4^+ - N$ 的转化。

表 3.4　　　　监测点 $NO_3^- - N$ 浓度关键参数的总敏感性指数占比　　　　　%

序号	1号监测点		2号监测点		3号监测点	
	参数	S_{TR_i}	参数	S_{TR_i}	参数	S_{TR_i}
1	Nitm	38.89	Nitm	39.32	Nitm	38.74
2	KDN	22.43	KDN	23.25	KDN	21.72
3	BMR	10.97	BMR	10.82	BMR	11.16
4	KESS	9.14	PM	6.47	KESS	8.70
5	PM	4.65	KESS	5.23	PM	4.31
6	KTHDR	3.94	KTHDR	4.02	KTHDR	3.87
7	KLN	2.38	KLN	2.25	KLN	2.29
8	KHCOD	1.19	KTB	1.39	KHCOD	1.31
9	KTB	1.14	KHCOD	1.24	KTB	1.15
10	ANC	0.92	KDP	1.17	KDP	1.03

续表

序号	4 号监测点		5 号监测点		6 号监测点	
	参数	S_{TR_i}	参数	S_{TR_i}	参数	S_{TR_i}
1	Nitm	39.41	Nitm	39.27	Nitm	31.45
2	KDN	21.97	KDN	22.30	KDN	30.82
3	BMR	11.03	BMR	11.25	BMR	18.53
4	KESS	8.54	KESS	9.35	PM	7.64
5	PM	5.36	PM	6.53	KTHDR	5.17
6	KLN	3.05	KTHDR	2.57	KESS	1.15
7	KTHDR	2.82	KLN	2.43	KLN	0.97
8	KHCOD	1.74	KHCOD	1.25	KHCOD	0.36
9	KTB	1.27	KDP	1.12	KDP	0.24
10	KDP	0.84	KTB	1.06	KDC	0.08

从表 3.4 中可以发现，$NO_3^- - N$ 的关键参数分布规律类似于 $NH_4^+ - N$，即 1~5 号监测点与 6 号监测点的关键参数排名稍有区别，但关键参数总体上一致。$NO_3^- - N$ 最关键的两个参数是 Nitm 和 KDN，此外排名前 10 的参数中还包括 KLN，说明第 Ⅳ 类是影响 $NO_3^- - N$ 转化最重要的类型。第 Ⅰ 类中的参数 BMR、PM 对 $NO_3^- - N$ 也具有较大的影响，对应的 S_{TR} 在 6 个监测点的排名中均位列前 3 和前 5。类似的，第 II 类中的参数如 KDP 对应的 S_{TR} 排名也位列前 10，原因与 $NH_4^+ - N$ 相关分析类似。

表 3.5　　　　　监测点 PO_4^{3-} 浓度关键参数的总敏感性指数占比　　　　　%

序号	1 号监测点		2 号监测点		3 号监测点	
	参数	S_{TR_i}	参数	S_{TR_i}	参数	S_{TR_i}
1	KRP	25.75	KRP	24.54	KRP	26.09
2	KTHDR	16.72	KTHDR	17.08	KTHDR	17.42
3	KDP	13.39	KDP	13.92	KDP	13.78
4	KESS	11.07	KESS	11.86	KESS	11.59
5	KHCOD	9.25	KHCOD	9.93	KHCOD	9.17
6	PM	7.92	PM	7.91	PM	8.26
7	KHP	2.82	BMR	3.97	ANC	4.19
8	KTCOD	2.27	ANC	3.21	KTCOD	2.76
9	KTB	1.86	KTCOD	2.29	BMR	1.47
10	BMR	1.39	KTB	1.07	KTB	1.19

序号	4 号监测点		5 号监测点		6 号监测点	
	参数	S_{TR_i}	参数	S_{TR_i}	参数	S_{TR_i}
1	KRP	24.88	KRP	25.45	KRP	26.28
2	KTHDR	19.68	KTHDR	17.25	KTHDR	23.44
3	KDP	13.43	KDP	13.66	KDP	12.36
4	KESS	12.67	KESS	11.43	KHCOD	8.51
5	KHCOD	9.48	KHCOD	9.15	PM	7.15
6	PM	7.75	PM	8.53	KESS	6.49
7	ANC	4.24	ANC	5.88	ANC	4.85
8	KTCOD	2.85	KTCOD	3.04	KTCOD	2.78
9	KHP	1.86	BMR	1.52	KHP	1.46
10	BMR	1.33	KTB	1.35	BMR	1.27

从表 3.5 中可以发现，除 6 号监测点结果受边界条件、流场、地形等影响，稍有区别以外，PO_4^{3-} 关键参数大体一致：较为关键的两个参数为 KRP 和 KDP，两者都是属于第Ⅱ类与磷转化相关的类型，说明第Ⅱ类型是影响 PO_4^{3-} 转化最重要的类型。与此同时，第Ⅶ类中的参数 KTHDR 也对 PO_4^{3-} 转化具有较大的影响，在 6 个监测点其 S_{TR} 排名均位列前 3。此外，参数 KESS、KHCOD、PM 在 6 个监测点的 S_{TR} 均大于 5%，这表明第Ⅵ、Ⅴ和Ⅰ类参数对 PO_4^{3-} 转化也有重要影响。

总之，营养盐的关键参数空间差异不大且总体上一致。对营养盐转化过程最关键的是直接参与其自身循环的参数，该类型中的参数对营养盐的影响占有绝对支配地位。另外，温度、光照相关的参数都在一定程度上影响营养盐的转化。

对于蓝藻而言，第Ⅰ类中的参数对其生消过程起着绝对的主导作用，温度影响和光照影响相关的第Ⅵ和第Ⅶ类中的参数也对蓝藻具有较大的影响。此外，与营养盐循环相关第Ⅱ和第Ⅳ类中的参数影响蓝藻，它们为蓝藻生长提供所必需的营养物质。相比营养盐的敏感性结果，藻类的关键参数在 6 个监测点的空间差异性较大，但除 4 号监测点外蓝藻最关键的参数都是 BMR，这表明平均而言，夏季巢湖大部分区域的蓝藻的基础代谢过程都比其生长过程重要。

3.3.3.2　蓝藻关键参数敏感性空间分布

由于蓝藻生物量是富营养化现象最为关注的环境变量，选择对蓝藻最关键的 6 个参数：BMR、PM、KTB、KESS、PRR 和 KDP，详细研究它们对蓝藻时间平均生物量的总敏感性指数 S_T 和相互作用强度 S_R 的空间分布差异。需要注意的是，它们对应的 S_{TR} 之和在全巢湖均达到 60% 以上，这表明它们对模型结果有足够的解释能力。

从图 3.11 和图 3.12 可以发现，靠近巢湖西岸区域的 BMR 和 KTB 的敏感性明显不同于其他区域，它们的敏感性指数总体上是从西往东逐渐变化的，它们的 S_T 都呈现出东高西低的特征，但它们对应的相互作用强度 S_R 却东低西高。巢湖西岸区域参数 BMR 和 KTB 对应的 S_T 范围分别为 $0 \sim 0.20$ 和 $0 \sim 0.06$，对应的 S_R 范围主要在 $0.02 \sim 0.10$ 和 $0.02 \sim 0.95$，说明这个区域环境因素相互作用比较复杂，关键参数间的相互作用强度较大。巢湖西岸以外区域中参数 BMR 和 KTB 对应的 S_T 范围分别为 $0.33 \sim 0.36$ 和 $0.09 \sim 0.11$，该区域两个参数的 S_R 都在 $0 \sim 0.02$，表明该区域这两个参数与其他参数的相互作用不强，但它们在此区域对蓝藻的生物量影响最大。

值得注意的是，BMR 的敏感性在靠近西岸区域中存在一个显著的带状区域，该区域 BMR 的总敏感性指数 S_T 和相互作用强度 S_R 均明显大于两边区域，对应 S_T 和 S_R 的范围分别为 $0.37 \sim 0.50$ 和 $0.25 \sim 0.35$，说明这个区域的蓝藻生物量对 BMR 最为敏感且 BMR 与其他参数的相互作用也最强。

从图 3.13 和图 3.14 可以发现，PM 和 KESS 总敏感性指数的空间分布与 BMR 和 KTB 大致相反，即靠近巢湖西岸区域敏感性显著高于其他区域。巢湖西岸区域 PM 和 KESS 的 S_T 范围为 $0.08 \sim 0.35$ 和 $0.11 \sim 0.75$，对应的 S_R 范围为 $0.05 \sim 0.95$ 和 $0.05 \sim 0.30$。两者在巢湖其他区域的 S_T 范围分别为 $0.09 \sim 0.12$ 和 $0.08 \sim 0.12$，对应的 S_R 范围分别为 $0.25 \sim 0.35$ 和 $0.15 \sim 0.25$，显著低于西岸区域。

PM 的总敏感性指数 S_T 在靠近西岸区域中同样存在一个显著的带状区域，该区域 PM 的 S_T 明显大于两边区域，其对应的范围主要为 $0.37 \sim 0.75$，说明参数 PM 在这个区域最为敏感。KESS 对应的相互作用强度 S_R 也存在明显强于两边的带状区域，对应的 S_R 范围为 $0.35 \sim 0.98$。

从图 3.15 和图 3.16 可以发现，PRR 和 KDP 对应的总敏感性指数 S_T 的空间分布在靠近巢湖西岸区域明显不同于其以东区域，总体上参数 PRR 和 KDP 对应的敏感性指数都呈现出东低西高。参数 PRR 和 KDP 在巢湖大部分区域的 S_T 范围分别为 $0.02 \sim 0.06$ 和 $0.02 \sim 0.04$，对应的 S_R 范围分别为 $0.02 \sim 0.40$ 和 $0.02 \sim 0.45$。相对而言，巢湖西岸区域参数 PRR 和 KDP 对应的 S_T 范围分别为 $0.02 \sim 0.15$ 和 $0.03 \sim 0.10$，对应的 S_R 范围主要为 $0.45 \sim 0.95$ 和 $0.20 \sim 0.70$。

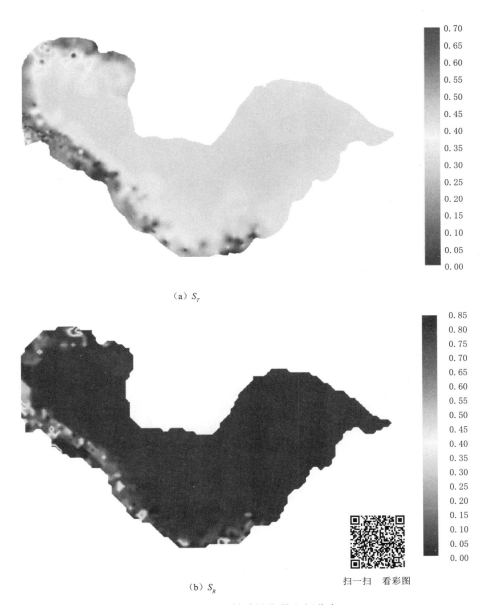

（a）S_T

（b）S_R

扫一扫　看彩图

图 3.11　BMR 敏感性指数空间分布

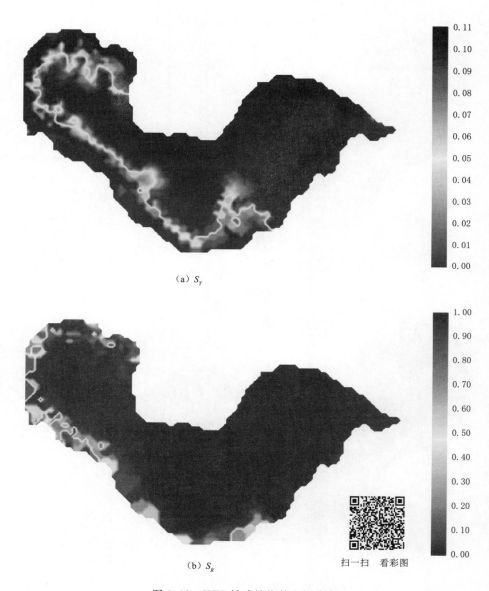

（a）S_T

（b）S_R

扫一扫 看彩图

图 3.12 KTB 敏感性指数空间分布

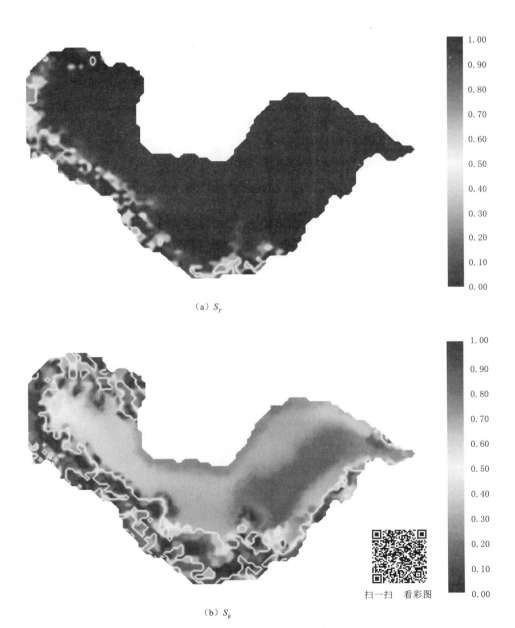

（a）S_T

（b）S_R

扫一扫　看彩图

图 3.13　PM 敏感性指数空间分布

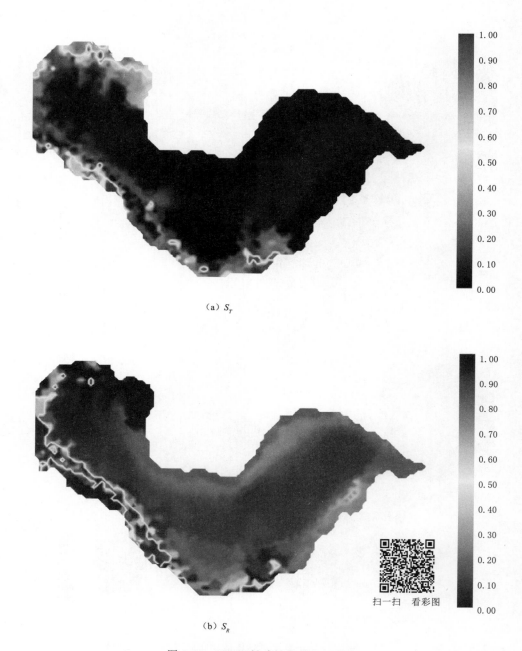

（a）S_T

（b）S_R

图 3.14　KESS 敏感性指数空间分布

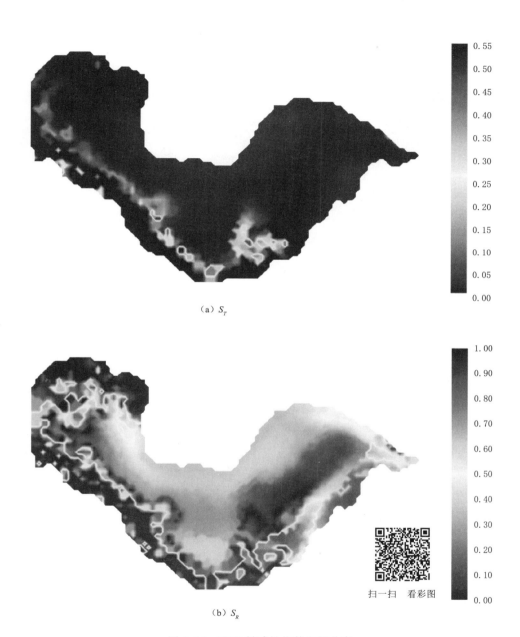

（a）S_T

（b）S_R

扫一扫　看彩图

图 3.15　PRR 敏感性指数空间分布

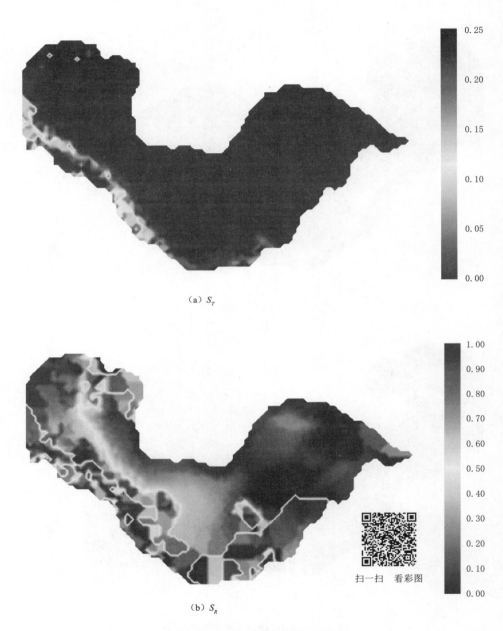

（a）S_T

（b）S_R

扫一扫　看彩图

图 3.16　KDP 敏感性指数空间分布

　　从图 3.15 和图 3.16 中还可以明显发现，PRR 和 KDP 对应的总敏感性指数 S_T 同样存在一个显著的带状区域，该区域 PRR 和 KDP 对应的总敏感性指数 S_T 均明显大于两边区域，两者对应的范围主要为 0.16～0.55 和 0.15～0.24，说明参数 PRR 和 KDP 在这个区域最为敏感。此外，参数 KDP 对应的相互作用强度 S_R 的空间分布也存在一个明显的带状区域，对应的 S_R 也明显大于两边区域，其范围为 0.75～0.95，说明该区域 PRR 与其他参数的相互作用最强。

　　总的来说，蓝藻关键参数的敏感性指数分布有着明显的区域特征，巢湖西岸区域参数的敏感性明显不同于其他区域。参数的敏感性指数总体上从西往东逐渐变化，但不同参数敏感性分布特征与趋势不同。与蓝藻基础代谢过程相关的参数 BMR 和 KTB 对应的总敏感性指数空间分布呈现的是东高西低，而与蓝藻生长过程相关的参数 PM 和 KESS 则反之。参数 PRR 和 KDP 对应的总敏感性指数空间分布类似 PM 和 KESS，所有关键参数对应的相互作用强度均呈现出东低西高的规律。这可能是因为巢湖的入湖河道主要都分布在西部区，为蓝藻生长提供更多的营养物质，使其对应的生长过程优于代谢过程，而蓝藻生长过程的复杂性显著高于蓝藻的基础代谢过程。

　　从关键参数的敏感性指数空间分布中可以发现，多数参数对应的总敏感性指数和相互作用强度在空间分布中存在相应的带状区域，该区域靠近巢湖西岸区域。关键参数在这个带状区域的总敏感性指数和相互作强度显著区别且大于其两边区域。这可能与该带状区域的特殊地理位置有关，一方面该区域受到西部和西北部入湖河道输入污染物的影响；另一方面受到巢湖自身水体的影响。两者的共同作用使得藻类的生长过程和基础代谢过程的占优竞争激烈，从而与这些过程相关的参数表现得最为敏感，相互作用也最为强烈。

3.4　本章小结

　　本章首先完成了巢湖富营养化模型参数筛选，在此基础上构建了代理模型和巢湖富营养化模型大数据分析平台，定量分析了巢湖二维富营养化模型参数的敏感性随蓝藻生物量状态的变化及其空间分布特征。具体内容如下：

　　（1）提出了一种改进的 Morris 参数筛选方法，其克服了原始方法的缺陷，可以比较参数或参数组对多个或整体模型输出的影响，更适合于富营养化模型重要参数的筛选。

　　（2）结合 Python 语言和 PostgreSQL 数据库构建了完整的巢湖富营养化模型大数据分析平台。借助数据分析平台卓越的计算效率和 Kirging 模型，构建了巢湖富营养化模型的代理模型，计算结果表明在训练集和验证集上，代理模型对蓝藻生物量、$NH_4^+ - N$、$NO_3^- - N$ 和 PO_4^{3-} 浓度的计算结果有着非常良好的一致性。代理模型和大数据分析平台的结合使计算效率提高了近 300 倍，为后续的参数敏感性分析和多目标参数优化确定等研究奠定了基础。

（3）以蓝藻不同生消时期即以蓝藻生物量变化特征为参照，运用 Sobol 敏感性定量分析方法研究了巢湖富营养化模型参数的敏感性。蓝藻不同生消时期其关键参数不同，取决于蓝藻基础代谢和生长作用竞争结果。增长初期关键参数是 PM 和 KESS，蓝藻下降初期最关键的参数是 BMR 和 KTB。蓝藻处于增长和消亡过程中，参数 BMR、PM、KTB 和 KESS 总敏感性指数差异较小，均是蓝藻最关键的参数。营养盐在不同时期的关键参数差异不大：$NH_4^+ - N$ 和 $NO_3^- - N$ 最关键的参数都是 Nitm 和 KDN，PO_4^{3-} 最关键的参数是 KRP、KTHDR 和 KDP。

（4）蓝藻不同生消时期，蓝藻与光照相关类型和温度相关类型的参数都较为敏感，而与营养盐循环相关参数的敏感性相对较弱。这表明处于夏秋之交的巢湖，对蓝藻生消过程起控制作用的因子更可能是光照和温度，而营养盐限制作用较弱。

（5）定量分析了参数敏感性的空间分布特征。营养盐关键参数的敏感性指数在空间分布上差异不大，但蓝藻关键参数敏感性指数的空间分布差异较大：巢湖西岸区域关键参数的总敏感性指数和相互作用强度显著区别于其他区域，且大部分参数的总敏感性指数均存在明显的带状区域。BMR、KTB 的 S_T 在空间上的分布规律为西部＜东部＜带状区域；PM、KESS、PRR 和 KDP 的 S_T 在空间上的分布趋势则为东部＜西部＜带状区域。

第4章

基于抗噪多目标粒子群优化的
关键参数值确定

　　针对湖泊水环境的观测数据不可避免地带有噪声而影响模型参数的准确确定，但现有算法并没有考虑这一现实问题。本章提出了一种具有抗噪性能的多目标粒子群优化算法，以有效降低数据噪声对模型参数确定的影响。进一步，在第 3 章的基础上，将 MCAD-MOPSO 算法用于巢湖富营养化模型关键参数的研究中，确定了该模型 BMR、PM、KTB、KESS、KDN、Nitm、KRP 等关键参数的最优值。

　　4.1 节提出了一种具有抗噪性能的基于马氏距离、势偏好机制和对流扩散算子的多目标粒子群优化算法即 MCAD-MOPSO 算法。4.2 节使用六个具有不同性能的测试函数和三个度量对 MCAD-MOPSO 算法进行测试并与 NSGA-II、MOPSO 等多目标进化算法进行比较。4.3 节在前章研究的基础上，结合新提出的算法，对巢湖富营养化模型关键参数进行率定研究，确定了巢湖关键参数的最优值。

4.1　抗噪多目标粒子群优化算法（MCAD-MOPSO）

　　湖泊富营养化模型参数的自动率定问题可转化为参数的优化问题，但现有的富营养化模型参数率定算法多集中于单目标优化算法或者将多目标问题转化为单目标问题，几乎没有考虑观测数据中夹杂的噪声给参数率定带来的偏差。针对以上问题，本节首先介绍了多目标优化问题以及常用的测试函数和度量。结合统计以及流体力学理论提出了一种新的抗噪多目标粒子群优化算法，并与三个经典的多目标优化算法的性能进行比较。

4.1.1　多目标优化问题

　　多目标优化问题（multi-objective optimization problem，MOP）通常由多个目标函数、决策变量和约束条件构成，其具体形式如下

$$\min f(x) = \min(f_1(x), f_2(x), \cdots, f_M(x))$$

$$\text{s. t. } g(x) = (g_1(x), g_2(x), \cdots, g_K(x)) \leqslant 0 \tag{4.1}$$

式中：$x = (x_1, x_2, \cdots, x_n) \in X$ 为决策变量，X 为 n 维决策空间；$f = (f_1, f_2, \cdots, f_M) \in Y$ 为目标函数或适应值函数，Y 为 M 维目标空间；$g = (g_1, g_2, \cdots, g_K)$ 为 K 个约束条件。满足所有约束条件的决策变量 $x \in X$ 称为可行解；在决策空间中，所有可行解构成的集合称为可行域 $\Omega \in X$。以下给出多目标优化问题的相关定义[107]。

定义 1 Pareto 支配（Pareto dominance）：对于任意给定的两个向量 $\boldsymbol{u} = (u_1, u_2, \cdots, u_M)$ 和 $\boldsymbol{v} = (v_1, v_2, \cdots, v_M)$，称向量 $\boldsymbol{u}$ 支配向量 $\boldsymbol{v}$，记为 $\boldsymbol{u} < \boldsymbol{v}$，当且仅当

$$\forall i \in \{1, 2, \cdots, M\}, \quad u_i \leqslant v_i, \quad \text{且} \exists j \in \{1, 2, \cdots, M\}, u_j < v_j \tag{4.2}$$

定义 2 Pareto 最优解或非劣解（non-dominated solution）：对于给定的多目标优化问题 $f(x)$，称决策向量 $x \in \Omega$ 为 Pareto 最优解，当且仅当

$$\neg \exists x' \in \Omega, \quad \text{s. t. } f(x') < f(x) \tag{4.3}$$

定义 3 Pareto 最优解集（Pareto optimal set）：对于给定的多目标优化问题 $f(x)$，Pareto 最优解集 P^* 的定义如下

$$P^* = \{x \in \Omega \mid \neg \exists x' \in \Omega, f(x') < f(x)\} \tag{4.4}$$

定义 4 Pareto 前沿：对于给定的多目标优化问题 $f(x)$ 和 Pareto 最优解集 P^*，Pareto 前沿的定义如下

$$PF^* = \{f(x) = [f_1(x), f_2(x), \cdots, f_M(x)] \mid x \in P^*\} \tag{4.5}$$

4.1.2 MCAD-MOPSO 算法

观测数据固有的噪声对富营养化模型的率定结果有着较大影响，但现存的 MOPSO 算法并未考虑这一重要的现实问题。本研究基于马氏距离（mahalanobis distance）、势偏好机制（mechanism of cardinality preference）和对流扩散算子（advection-diffusion operator）提出一种新的多目标粒子群优化算法，并简写为 MCAD-MOPSO[13]。好的算法的目的是：①降低数据噪声对生态系统中富营养化模型率定的影响；②保持解的多样性，增强算法的搜索能力并更好地逼近真实的 Pareto 前沿。MCAD-MOPSO 算法的流程如图 4.1 所示，改进部分见深灰框图。从中可以看到改进技术主要包括：①粒子全局引导者 gbest 和局部引导者 pbest 的选择与更新；②对流扩散操作维持解的多样性，防止陷入局部解。下面首先阐述对粒子全局以及局部引导者的更新和选择有着重要作用的马

氏距离及势偏好机制，这两个机制的引入也是 MCAD－MOPSO 算法具有抗噪性能的关键。

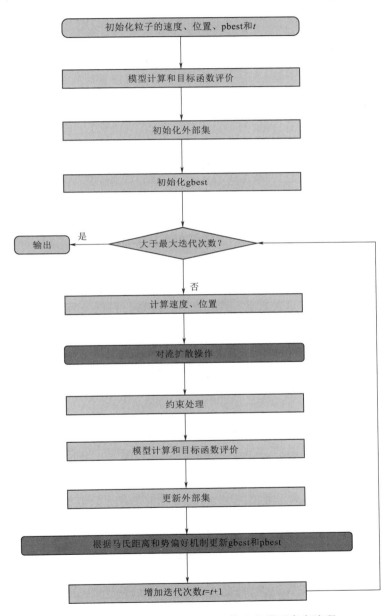

图 4.1　基于 MCAD－MOPSO 算法的模型率定流程

4.1.2.1 马氏距离操作

衡量解之间的相似性几乎是每一种 MOPSO 算法更新全局或局部粒子引导者所必须的步骤，而解之间的相似性可以通过解之间的距离来反映。解之间距离的度量通常采用欧氏距离或者曼哈顿距离（Manhattan distance），这些距离都认为每个目标值的量级相差不大，等权重且是彼此独立的。显然，实际应用问题并不总能够满足假设，尤其对于富营养化模型参数的率定。在富营养化模型中率定的环境变量以及参数之间经常有相互关联，且量级区别很大。马氏距离考虑了在目标空间中解之间的相关性，且通过协方差矩阵消除了不同目标间数量级的差异。它可以给目标分配不同的权重并估计解之间的距离，因此，马氏距离更适合用于富营养化模型参数的率定。马氏距离通过引入不同目标之间的协方差矩阵，从而将目标函数更多的信息引入算法中，正因为更多信息的引入使算法具有抗噪性能。马氏距离的引入是 MCAD-MOPSO 算法主要的特点之一，它被用于 gbest 和 pbest 的选择以及外部集的更新。

定义 5 （马氏距离）在目标空间中粒子之间的马氏距离定义如下

$$d_m(x_i, x_j) = \sqrt{[f(x_i) - f(x_j)]^T S^{-1} [f(x_i) - f(x_j)]} \tag{4.6}$$

式中：$x_i = (x_{i1}, x_{i2}, \cdots, x_{in})$ 和 $x_j = (x_{j1}, x_{j2}, \cdots, x_{jn})$ 是函数的自变量，并称为第 i 个和第 j 个粒子；$f(x_i) = [f_1(x_i), f_2(x_i), \cdots, f_M(x_i)]$ 和 $f(x_j) = [f_1(x_j), f_2(x_j), \cdots, f_M(x_j)]$ 分别是第 i 个和第 j 个粒子的目标函数；S 是多个目标的协方差矩阵，其可以通过粒子的目标函数计算获得。

4.1.2.2 势偏好机制

MCAD-MOPSO 算法中使用势偏好机制来更新种群中粒子的 gbest 和 pbest，确保粒子朝向搜索空间的稀疏区域移动来保持解的多样性。

定义 6 （粒子诱导者）$\forall x_i \in A$，$y_j \in B$，$i = 1, 2, \cdots, N, j = 1, 2, \cdots, L$，$A \neq \varnothing$，$B \neq \varnothing$。粒子 x_i 的诱导者定义为 s_{x_i}。在集合 B 中，粒子 y_k 是与粒子 x_i 最相似的粒子，则粒子 y_k 是粒子 x_i 的诱导者。因此，其定义如下

$$s_{x_i} = y_k, \quad \text{当} \; d_m(x_i, y_k) = \min_{j=1,2,\cdots,L} d_m(x_i, y_j), \; x_i \neq y_j \tag{4.7}$$

定义 7 （粒子诱导集）集合 A 中的粒子组成的集合，其诱导者均为 y_k，则称粒子 y_k 在集合 A 上诱导的集合，记为 I_{y_k} 并简称为诱导集，其定义如下

$$I_{y_k} := \{x_i \mid s_{x_i} = y_k, x_i \in A\} \tag{4.8}$$

粒子诱导集的定义是基于马氏距离且反映了粒子的相似度。类似地，可以获得集合 B 中的每个元素所诱导的集合。gbest 和 pbest 的更新都是基于粒子诱导集的定义，以下分别介绍 gbest 和 pbest 的更新。

（1）gbest 的更新。

1）根据式（4.6）~式（4.8）得到外部集 E 中每个粒子在粒子种群上诱导

的集合并计算这些粒子诱导集对应的势。

2）根据外部集 E 中的粒子所对应的诱导集的势将 E 中的粒子进行升序排列。

3）外部集 E 中的粒子从指定的顶部部分中随机选择其一作为 gbest，如 10%。

通过这种方式，外部集中具有较小势的非劣解被选择作为种群中粒子的 gbest。这个策略增强了算法的搜索能力，使粒子易于探测稀疏区域来防止解陷入局部最优，并保持外部集中非劣解的多样性。

（2）pbest 的更新。pbest 的更新是基于 pbest 和当前粒子 x_i 之间的 Pareto 支配关系，如果两者互不被支配，则 pbest 的更新根据诱导集的势。这种方式使算法可以利用更多的种群信息来更好地促进粒子进化。具体的步骤如下：

1）分别计算 pbest 和当前粒子 x_i 所诱导集合的势，诱导集的元素来自外部集 E。

2）如果 $|I_{x_i}| > |I_{\text{pbest}}|$，则 pbest 的更新使用 pbest $= x_i$，否则不更新 pbest。

pbest 的更新选择 x_i 和 pbest 中对应的诱导集势较大的，这使得 pbest 的更新更接近于整个外部集，从而加快算法的收敛速度。

4.1.2.3 对流扩散算子

在多目标粒子群优化算法中，粒子经过几代进化之后可能聚集成簇，这使算法难以探测到潜在更好的解。因此，提出的算法使用流扩算算子来防止解陷入局部最优。

对诱导集 $I_{y_k}(y_k = 1, 2, \cdots, |E|)$ 中的每个粒子 $x_i = (x_{i1}, x_{i2}, \cdots, x_{in})$，粒子对流扩散运动的描述如图 4.2 所示。

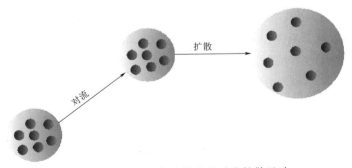

图 4.2　一个诱导集中粒子的对流扩散运动

（1）对流运动。

1）随机选择 I_{y_k} 中每个粒子的第 s 维。

2）对于粒子 $x_i \in I_{y_k}$ 的对流速度通过 $A_k = (u_{kup} - u_{klow}) \cdot C_0 \cdot \left(|I_{y_k}| \Big/ \sum_{y_k=1}^{|E|} |I_{y_k}| \right)$

来计算。其中，C_0 为常数，u_{kup} 和 u_{klow} 分别为 x_{is} 的上下界。

（2）扩散运动。

1）I_{y_k} 中每个粒子的第 s 维的扩散速度通过 $D_{is} = A_k \cdot random(0,1)$ 来确定。

2）每个粒子的对流扩散速度随着迭代次数的增加而减小有

$$x_{is} = (D_{is} + A_k) \cdot [1 - t/(maxgen \cdot \beta)]^a + x_{is}, \quad x_i \in I_{y_k} \tag{4.9}$$

式中：t 为迭代次数；$maxgen$ 为最大迭代数；$\alpha(\alpha = 1.5)$ 和 $\beta[\beta \in (0,1)]$ 分别为调节指数。当 $t \geqslant maxgen \cdot \beta$ 时，将不再使用该算子。

4.1.2.4　算法步骤

（1）初始化。

1）初始化粒子的位置 x_i^0，粒子的速度 $v_i^0 = 0$，粒子个体历史最好的位置 $pbest_i^0 = x_i^0$。

2）评价 $f(x_i^0)$。

3）初始化外部集 E_0，将种群中发现的非劣解存储到外部集 E 中。

4）初始化全局最好的位置 $gbest^0$（可根据 4.1.2.2 节）。

（2）重复直至达到最大迭代次数。

1）计算每个粒子新的速度，计算公式如下

$$v_i^{t+1} = wv_i^t + c_1 r_1 (pbest_i^t - x_i^t) + c_2 r_2 (gbest^t - x_i^t)$$

式中：$w = 4$ 为权重参数；c_1 和 c_2 分别为认知参数和社会参数，其取值都为 0.5；r_1 和 r_2 为 0～1 的随机数。计算 x_i^t 新的位置

$$x_i^{t+1} = x_i^t + v_i^{t+1}$$

2）在每个粒子上使用对流扩散操作，具体见 4.1.2.3 节。

3）保证粒子在搜索空间内飞行。如果决策变量超出了它的边界，则使用其相应的上边界或下边界。为了使其搜索朝向相反的方向，将其速度乘以 -1。

4）评价 $f(x_i^{t+1})$。

5）更新外部集使用 Pareto 支配关系。如果外部集超出限制，则通过以下方式减少外部集中的非劣解：首先，对外部集中每个粒子诱导集的势进行升序排列；其次，外部集中的非劣解从指定的底部部分中随机地选择和移除，比如 10%。这样在位于稠密区域的非劣解最大可能被取代。

6）$gbest^t$ 和每个粒子的 $pbest_i^t$ 的更新（根据 4.1.2.2 节）。

7）增加迭代次数。

4.2 算法测试

4.2.1 标准测试函数和性能度量

多目标优化算法的测试函数对于测试算法求解多目标优化问题的有效性至关重要。目前,一些测试函数已经广泛应用于测试多目标优化算法的性能,如 ZDT 系列、DTLZ 系列等。其中,ZDT 系列由 Zitzler 等[108] 提出,包含 6 个测试函数(ZDT1～ZDT6),这些测试函数都是基于两个目标函数。DTLZ 系列(DTLZ1～DTLZ7)由 Deb 等[109] 提出,这类测试函数包含两个以上的目标函数来测试算法的性能。

本研究选取 ZDT1～ZDT3、ZDT6、DTLZ1 和 DTLZ2 测试提出算法的性能。其中,ZDT1 和 ZDT2 的 Pareto 前沿分别是凸的和非凸的;ZDT3 的 Pareto 前沿呈现为不连续且凸的;ZDT6 具有复杂的 Pareto 前沿,其呈现为非凸、不连续且分布不均匀的特点,所以相比 ZDT1～ZDT3,测试函数 ZDT6 的难度较大;DTLZ1 具有线性的 Pareto 前沿,在搜索空间中包含多个局部的 Pareto 前沿,这使得多目标优化算法难以实现全局最优;DTLZ2 具有一个球面非线性的 Pareto 前沿。这些测试函数分别对应具有不同特征的 Pareto 前沿,可以用于算法测试,以发现和产生具有较好分布的 Pareto 前沿能力的算法。测试函数的具体形式参见表 4.1。

表 4.1 测 试 函 数

函数名	目 标 函 数	变量取值范围	Pareto 最优解
ZDT1	$f_1 = x_1$ $f_2 = g(X)[1 - \sqrt{x_1/g(X)}]$ $g(X) = 1 + 9\left(\sum_{i=2}^{n} x_i\right)/(n-1)$	$[0,1]$	$x_1 \in [0,1]$ $x_i = 0$ $i = 2, \cdots, n$
ZDT2	$f_1 = x_1$ $f_2 = g(X)\{1 - [x_1/g(X)]^2\}$ $g(X) = 1 + 9\left(\sum_{i=2}^{n} x_i\right)/(n-1)$	$[0,1]$	$x_1 \in [0,1]$ $x_i = 0$ $i = 2, \cdots, n$
ZDT3	$f_1 = x_1$ $f_2 = g(X)\{1 - \sqrt{x_1/g(X)} - [x_1/g(X)]\sin(10\pi x_1)\}$ $g(X) = 1 + 9\left(\sum_{i=2}^{n} x_i\right)/(n-1)$	$[0,1]$	$x_1 \in [0,1]$ $x_i = 0$ $i = 2, \cdots, n$

函数名	目 标 函 数	变量取值范围	Pareto 最优解
ZDT6	$f_1 = 1 - \exp(-4x_1)\sin^6(6\pi x_1)$ $f_2 = g(X)\{1 - [x_1/g(X)]^2\}$ $g(X) = 1 + 9\left[\sum\limits_{i=2}^{n} x_i/(n-1)\right]^{0.25}$	$[0,1]$	$x_1 \in [0,1]$ $x_i = 0$ $i = 2,\cdots,n$
DTLZ1	$f_1 = 0.5x_1x_2[1 + g(X_3)]$ $f_2 = 0.5x_1(1-x_2)[1 + g(X_3)]$ $f_3 = 0.5(1-x_1)[1 + g(X_3)]$ $g(X_3) = 100\mid X_3 \mid + \sum\limits_{i=3}^{n}\left\{\begin{matrix}(x_i - 0.5)^2 \\ -\cos[20\pi(x_i - 0.5)]\end{matrix}\right\}$ $X_3 = (x_3, x_4, \cdots, x_n)$	$[0,1]$	$x_i = 0.5,\ x_i \in X_3$ $\sum\limits_{m=1}^{3} f_m = 0.5$
DTLZ2	$f_1 = [1 + g(X_3)]\cos(x_1\pi/2)\cos(x_2\pi/2)$ $f_2 = [1 + g(X_3)]\cos(x_1\pi/2)\sin(x_2\pi/2)$ $f_3 = [1 + g(X_3)]\sin(x_1\pi/2)$ $g(X_3) = \sum\limits_{i=3}^{n}(x_i - 0.5)^2$ $X_3 = (x_3, x_4, \cdots, x_n)$	$[0,1]$	$x_i = 0.5,\ x_i \in X_3$ $\sum\limits_{m=1}^{3} f_m^2 = 1$

　　本节使用三种常用的度量比较算法之间的性能：世代距离、分布性以及错误率[110]。

　　世代距离（generational distance，GD）：用于测量所获的非劣解集与 Pareto 最优解集的接近程度。其定义为

$$GD = \frac{\sqrt{\sum\limits_{i=1}^{k} l_i^2}}{k} \tag{4.10}$$

式中：l_i 为所得非劣解与 Pareto 最优解集中距其最近的元素之间的欧氏距离。如果 $GD = 0$，则表明所获得的非劣解在 Pareto 最优解集中。

　　分布性（spacing，SP）：用于测量所获的非劣解集在目标空间中的分布情况。其定义为

$$SP = \sqrt{\frac{1}{k-1}\sum\limits_{i=1}^{k}(\overline{d} - d_i)^2}$$

$$d_i = \min\limits_{j}\left[\sum\limits_{m=1}^{M}\mid f_m(x_i) - f_m(x_j)\mid\right]\quad i,j = 1,2,\cdots,k \tag{4.11}$$

$$\overline{d} = \frac{1}{k}\sum\limits_{i=1}^{k} d_i$$

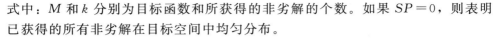

式中：M 和 k 分别为目标函数和所获得的非劣解的个数。如果 $SP=0$，则表明已获得的所有非劣解在目标空间中均匀分布。

错误率（error ratio，ER）：所获得的非劣解不属于 Pareto 最优解集所占百分比。其定义为

$$ER = \frac{\sum_{i=1}^{k} e_i}{k} \tag{4.12}$$

如果所获得的第 i 个非劣解属于 Pareto 最优解集，则其对应的 $e_i=0$，否则 $e_i=1$。所以，若 $ER=0$，则表明所获得的非劣解均属于 Pareto 最优解集。在目标空间上，若算法获得的非劣解与 Pareto 最优解集中与其最近的解之间的距离小于 0.01，则认为这个解属于 Pareto 最优解集。

4.2.2　MCAD‑MOPSO 算法测试结果

本节通过两个案例以及三个度量标准测试 MCAD‑MOPSO 算法的性能。案例Ⅰ是基于标准测试函数，其具有理论的 Pareto 前沿。案例Ⅱ测试算法的性能通过增加不同强度的噪声到标准测试函数中。本节提出的新算法结果与 MOPSO[80]、NSGA‑Ⅱ[111]、MOPSO‑CD[112] 三种最常用的 MOPSO 算法结果进行了比较分析。最大函数评价次数设置为 15000。各个算法相应的参数设置见表 4.2。对于测试函数 ZDT1～ZDT3，ZDT6 参数的维数设置为 30，目标函数的数量为 2；测试函数 DTLZ1 和 DTLZ2 参数维数设置为 10，目标函数的数量为 3。

表 4.2　　　　　　　　　　多目标算法的参数设置

参　　数	MOPSO	NSGA‑Ⅱ	MOPSO‑CD	MCAD‑MOPSO
种群规模	100	100	100	100
外部集规模	250	250	250	250
变异概率	0.5	1/n	0.5	N/A
交叉概率	N/A	0.9	N/A	N/A
网格划分数	30	N/A	N/A	N/A
对流扩散作用的粒子数	N/A	N/A	N/A	100

每种算法独立运行 30 次，6 个测试函数真实的 Pareto 前沿和提出算法的性能度量 GD 对应的中位数结果如图 4.3 所示，6 个测试函数的性能度量比较结果见表 4.3。

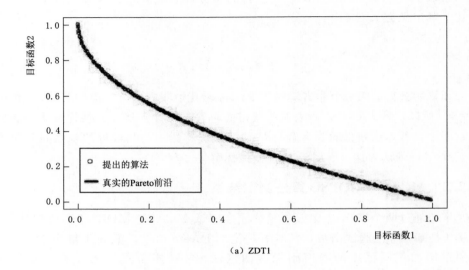

（a）ZDT1

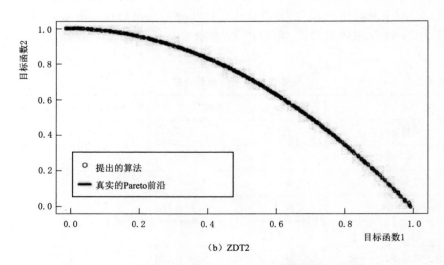

（b）ZDT2

图 4.3（一）　MCAD‐MOPSO 算法产生的测试函数的 Pareto 前沿

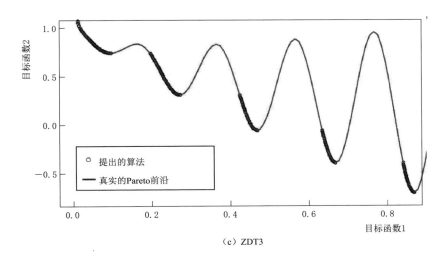

（c）ZDT3

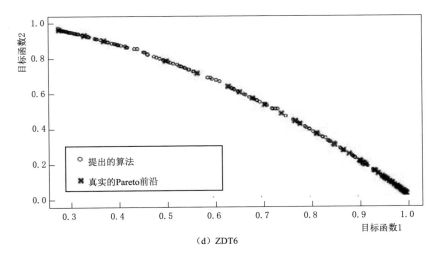

（d）ZDT6

图 4.3（二）　MCAD-MOPSO 算法产生的测试函数的 Pareto 前沿

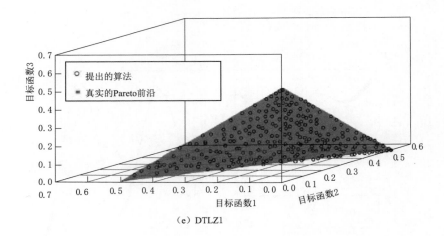

（e）DTLZ1

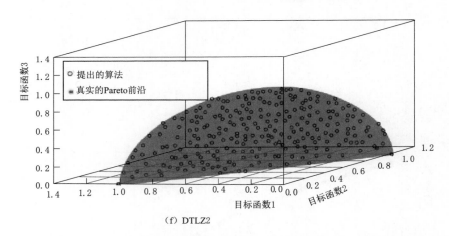

（f）DTLZ2

图 4.3（三） MCAD – MOPSO 算法产生的测试函数的 Pareto 前沿

表 4.3　　　　　　　　　　测试函数的算法性能度量

函数	度量	统计特征	NSGA – Ⅱ	MOPSO	MOPSO – CD	MCAD – MOPSO
ZDT1	GD	均值	0.1052	0.0615	0.0003	0.0005
		标准差	0.0738	0.0153	<0.0001	0.0006
	ER	均值	1	1	0	0
		标准差	0	0	0	0
	SP	均值	0.0131	0.0072	0.0051	0.0079
		标准差	0.0024	0.0013	0.0008	0.0012

续表

函数	度量	统计特征	NSGA-Ⅱ	MOPSO	MOPSO-CD	MCAD-MOPSO
ZDT2	GD	均值	0.1273	0.0859	0.0003	0.0003
		标准差	0.0106	0.0127	<0.0001	<0.0001
	ER	均值	1	1	0	0
		标准差	0	0	0	0
	SP	均值	0.0074	0.0016	0.0035	0.0083
		标准差	0.0063	0.0014	0.0002	0.0021
ZDT3	GD	均值	0.1425	0.1104	0.0016	0.0011
		标准差	0.0036	0.0049	<0.0001	<0.0001
	ER	均值	1	1	0.0002	0
		标准差	0	0	0.0005	0
	SP	均值	0.0127	0.0131	0.0036	0.0054
		标准差	0.0026	0.0028	0.0003	0.0028
ZDT6	GD	均值	0.8325	0.5462	0.0200	0.0181
		标准差	0.0127	0.0243	0.0166	0.0140
	ER	均值	1	1	0.0124	0.0094
		标准差	0	0	0.0066	0.0051
	SP	均值	0.1532	0.1472	0.0871	0.0985
		标准差	0.1260	0.0911	0.0881	0.0991
DTLZ1	GD	均值	0.1673	0.1263	0.0771	0.0195
		标准差	0.6756	0.6332	0.5746	0.0573
	ER	均值	1	1	0.2211	0.2087
		标准差	0	0	0.3751	0.3957
	SP	均值	0.2805	0.2501	0.0606	0.1291
		标准差	0.8314	0.8178	0.2305	0.5983
DTLZ2	GD	均值	0.1121	0.1293	0.0763	0.0731
		标准差	0.0352	0.0455	0.0022	0.0025
	ER	均值	1	1	0	0
		标准差	0	0	0	0
	SP	均值	0.6356	0.5911	0.3505	0.4203
		标准差	0.3176	0.1687	0.0335	0.0544

在表 4.3 中，关于 GD 在 6 个测试函数中的平均性能，MCAD – MOPSO 和 MOPSO – CD 算法都远好于 NSGA – Ⅱ 和 MOPSO 算法。对于测试函数 ZDT1 和 ZDT2，MCAD – MOPSO 算法 GD 的平均性能与 MOPSO – CD 算法的 GD 结果几乎是一样好；对于测试函数 ZDT3 和 ZDT6，MCAD – MOPSO 算法获得的度量 GD 的平均性能是四个算法中最好的，分别为 0.0011 和 0.0181。MCAD – MOPSO 算法 GD 的平均性能对目标函数是三维的测试函数效果也是最好的，尤其对于 DTLZ1。进一步，从表 4.3 和图 4.3 可以看出，MCAD – MOPSO 算法能发现较好的解，其可以更好地逼近真实的 Pareto 最优解集。总的来说，MCAD – MOPSO 算法的收敛速度几乎与 MOPSO – CD 算法相同，而稍优于 NSGA – Ⅱ 和 MOPSO 算法。在较复杂的测试函数中尤其如此，比如 ZDT6、DTLZ1 和 DTLZ2。

从表 4.3 可以得到，MCAD – MOPSO 算法目前获得的所有非劣解在一定精度内（<0.01）都在 Pareto 最优解集中，NSGA – Ⅱ 和 MOPSO 算法的平均性能度量关于 ER 对 6 个测试函数均为 1，即这两个算法对这 6 个测试函数均未找到 Pareto 最优解。对于 ZDT1、ZDT2、ZDT3 和 DTLZ2，MCAD – MOPSO 算法获得度量 ER 的平均性能均为 0。对于 ZDT6，MCAD – MOPSO 算法获得的 ER 值为 0.0094，而 MOPSO – CD 算法得到的 ER 值为 0.0124。对于 DTLZ1，度量 ER 的平均性能对于 MCAD – MOPSO 算法和 MOPSO – CD 算法分别是 0.2087 和 0.2211。这表明对于算法性能度量 ER，MOPSO – CD 要优于 NSGA – Ⅱ 和 MOPSO 算法，但弱于 MCAD – MOPSO 算法。进一步，ER 的测试结果可以认为 MCAD – MOPSO 算法所获得的所有非劣解几乎都在 Pareto 最优解集中。同时也表明了 MCAD – MOPSO 算法相比其他三个算法具有较好的性能，因为相比 MCAD – MOPSO 算法，其他三个算法具有相当大的 ER 值。

尽管在部分的测试函数中，MCAD – MOPSO 算法关于度量 SP 的平均性能优于 NSGA – Ⅱ 和 MOPSO 算法，但关于 SP 在 6 个测试函数中的性能排名均低于 MOPSO – CD。如 ZDT3 中，SP 平均性能的排序为：MOPSO – CD＞MCAD – MOPSO＞NSGA – Ⅱ＞MOPSO。分析原因可能是 MCAD – MOPSO 算法是基于马氏距离来衡量解之间的相似性，因此与基于欧氏距离测量解的相似性的度量 SP 有着天然的不一致。此外，如果算法获得的非劣解不属于真实的 Pareto 前沿，那么度量 SP 可能是无意义的[80]。例如，对于 ZDT2，MOPSO 算法获得 SP 为 0.0016，其优于本算法获得的 SP 即 0.0083，但 MOPSO 算法获得 ER 值为 1，这表明由该算法获得的非劣解远离真实的 Pareto 最优解集。

基于以上结果，表明 MCAD – MOPSO 算法对于 6 个测试函数均能产生较好的非劣解集。

为了测试 MCAD – MOPSO 算法在降低噪声影响方面的性能，将服从 $N(0,0.05)$ 和 $N(0,0.15)$ 的不同噪声强度加入测试函数中。将 MCAD –

MOPSO 算法与性能优越的 MOPSO‑CD 算法进行比较，相关的参数设置与案例 I 相同。算法的比较结果见表 4.4 和表 4.5。

表 4.4　　噪声强度服从 $N(0,0.05)$ 的测试函数的算法性能度量

函数	度量	统计特征	MOPSO‑CD	MCAD‑MOPSO
ZDT1	GD	均值	0.0463	0.0079
		标准差	0.0571	0.0098
	ER	均值	0.0693	0.0127
		标准差	0.0705	0.0150
	SP	均值	0.1070	0.0484
		标准差	0.1094	0.0599
ZDT2	GD	均值	0.0571	0.0221
		标准差	0.0806	0.0357
	ER	均值	0.1302	0.0290
		标准差	0.1890	0.0331
	SP	均值	0.1120	0.0652
		标准差	0.1196	0.0788
ZDT3	GD	均值	0.0864	0.0115
		标准差	0.0892	0.0153
	ER	均值	0.0985	0.0152
		标准差	0.1052	0.0226
	SP	均值	0.1571	0.0521
		标准差	0.2331	0.0716
ZDT6	GD	均值	0.1670	0.0702
		标准差	0.2418	0.0474
	ER	均值	0.0999	0.0716
		标准差	0.1364	0.0430
	SP	均值	0.3485	0.2985
		标准差	0.2438	0.2190
DTLZ1	GD	均值	1.4542	0.5897
		标准差	4.3173	0.7555
	ER	均值	0.3263	0.0627
		标准差	0.3699	0.0428
	SP	均值	3.2972	1.0251
		标准差	9.9006	4.9083

续表

函数	度量	统计特征	MOPSO – CD	MCAD – MOPSO
DTLZ2	GD	均值	0.2443	0.1854
		标准差	0.0223	0.0129
	ER	均值	0.1413	0.0489
		标准差	0.0762	0.0023
	SP	均值	1.0686	0.5932
		标准差	0.3935	0.0782

从表 4.4 可以看出，对于带有噪声且服从 $N(0,0.05)$ 分布的 6 个测试函数，两个算法的平均性能均弱于表 4.3 中测试函数无噪声的情况；但是，相比 MOPSO – CD 算法，MCAD – MOPSO 算法在所有的性能测试中均具有压倒性的优势。对于测试函数 ZDT1，MCAD – MOPSO 算法获得的平均性能关于 GD 和 ER 分别为 0.0079 和 0.0127，其要优于 MOPSO – CD 算法 5.8 倍和 5.4 倍左右。对于测试函数 ZDT2，MOPSO – CD 算法获得的平均性能关于度量 GD（0.0571）和 ER（0.1302）分别比 MCAD – MOPSO 算法获得的 GD（0.0221）和 ER（0.0290）大 158% 和 350%。对于测试函数 ZDT3，MOPSO – CD 算法获得的平均性能关于度量 GD 和 ER 分别约是 MCAD – MOPSO 算法的 7.5 倍和 6.5 倍。相比其他 ZDT 测试函数，MCAD – MOPSO 算法的优势在测试函数 ZDT6 中并不显著，但关于度量 GD、SP 和 ER 的平均性能是 MOPSO – CD 算法的 $1/3\sim7/8$。此外，对于所有的测试函数，MCAD – MOPSO 算法获得的 SP 均优于 MOPSO – CD 算法的结果。例如，在测试函数 ZDT3 中，MCAD – MOPSO 算法获得的 SP 为 0.0521，而 MOPSO – CD 算法对应的 SP 为 0.1571，其比 MCAD – MOPSO 算法的结果约大 67%。对于测试函数 DTLZ1 和 DTLZ2，MCAD – MOPSO 算法的平均性能也远好于 MOPSO – CD 算法，MOPSO – CD 算法对应的度量结果是本算法结果的 $2\sim5$ 倍。

在表 4.4 还可以得到，MCAD – MOPSO 算法相比较 MOPSO – CD 算法在所有的测试函数中均具有较好的稳定性。对于测试函数 ZDT1 和 ZDT3，MOPSO – CD 算法获得 GD 的标准差约是 MCAD – MOPSO 算法对应结果的 6 倍，且是 DTLZ1 和 DTLZ2 结果的 $2\sim9$ 倍。以上结果表明，当服从 $N(0,0.05)$ 的噪声加入测试函数中时，MCAD – MOPSO 的算法在平均性能度量和稳定性方面均获得较好的结果。这意味着 MCAD – MOPSO 算法能有效地降低噪声对优化结果的影响。

为了测试在更大噪声强度下算法的性能，将服从 $N(0,0.15)$ 的噪声加入测试函数中。两个算法的性能测试结果见表 4.5。尽管新算法性能优势不如表 4.4

明显，但算法的平均性能度量结果优于 MOPSO – CD 算法 1.5～6 倍。这可能因为信号噪声比随着干扰强度的增加而减小，使得数据被噪声淹没。尽管如此，几乎在所有测试函数中 MCAD – MOPSO 算法性能度量结果都优于 MOPSO – CD 算法。例如，对于 DTLZ2，MOPSO – CD 算法的平均性能关于度量 ER 是 1，而本算法对应的结果是 0.5323。这表明 MOPSO – CD 算法难以获得 Parteo 最优解集，而 MCAD – MOPSO 算法即使在较强噪声情况下也能获得相对较好的解。

表 4.5　　噪声强度服从 $N(0,0.15)$ 的测试函数的算法性能度量

函数	度量	统计特征	MOPSO – CD	MCAD – MOPSO
ZDT1	GD	均值	0.1616	0.0371
		标准差	0.1309	0.0294
	ER	均值	0.3446	0.2587
		标准差	0.1069	0.0945
	SP	均值	0.1905	0.0935
		标准差	0.1631	0.0947
ZDT2	GD	均值	0.1639	0.0533
		标准差	0.1528	0.0597
	ER	均值	0.3788	0.2701
		标准差	0.1961	0.1490
	SP	均值	0.1600	0.1212
		标准差	0.1468	0.1206
ZDT3	GD	均值	0.1234	0.0419
		标准差	0.1134	0.0656
	ER	均值	0.3336	0.2465
		标准差	0.1178	0.0998
	SP	均值	0.1797	0.1399
		标准差	0.2479	0.1692
ZDT6	GD	均值	0.3846	0.1803
		标准差	0.2948	0.0984
	ER	均值	0.3838	0.2858
		标准差	0.1550	0.0882
	SP	均值	0.4545	0.3082
		标准差	0.2788	0.2264

续表

函数	度量	统计特征	MOPSO - CD	MCAD - MOPSO
DTLZ1	GD	均值	6.9200	0.9517
		标准差	7.1328	1.8960
	ER	均值	0.6430	0.5162
		标准差	0.5618	0.3785
	SP	均值	12.0001	2.8862
		标准差	14.8153	5.7169
DTLZ2	GD	均值	0.3847	0.2747
		标准差	0.0466	0.0247
	ER	均值	1	0.5323
		标准差	0	0.1236
	SP	均值	2.1736	0.6745
		标准差	0.5832	0.0955

在噪声强度服从 $N(0,0.05)$ 的情况下，MCAD - MOPSO 算法的收敛性优于 MOPSO - CD 算法。对于 ZDT1、ZDT2、ZDT3 和 ZDT6，MCAD - MOPSO 算法的函数评价次数少于 MOPSO - CD 算法 1500～2000 次。对于 DTLZ1 和 DTLZ2，这个差异约为 1200 次。在较强的噪声强度下，MCAD - MOPSO 算法的优势将更大些。

相比 MOPSO - CD 算法，MCAD - MOPSO 算法在不同噪声强度的测试函数中均具有好的性能。测试结果表明即使在不同噪声强度下，MCAD - MOPSO 算法也能产生分布较好的非劣解集；此外，MCAD - MOPSO 算法的稳定性也优于 MOPSO - CD 算法，其相应的平均性能关于度量 GD、SP 和 ER 相比 MOPSO - CD 算法对应的结果都具有较小的标准差。总之，在不同噪声强度情况下，MCAD - MOPSO 算法在收敛性、分布和抗噪方面均具有较好的性能。

4.3　巢湖富营养化模型多目标参数确定

巢湖富营养化模型参数的估计，选用 4 个目标函数分别是蓝藻生物量、$NH_4^+ - N$、$NO_3^- - N$ 和 PO_4^{3-} 浓度的平均相对误差，即

$$RE_i = \frac{\sum\limits_{p=1}^{P}\sum\limits_{t=1}^{T}\dfrac{|S_{t,p,i} - O_{t,p,i}|}{O_{t,p,i} \times T}}{P} \times 100\%，\ i = 1,2,3,4 \qquad (4.13)$$

式中：i 为第 i 个环境变量；T 为总的观测数据的天数；P 为的监测点个数，等于 6；$O_{t,p,i}$ 为观测值；$S_{t,p,i}$ 为模拟值。

在巢湖二维富营养化模型参数的敏感性分析基础上（表 3.2～表 3.5），本节分别选择对蓝藻生物量、$NH_4^+ - N$、$NO_3^- - N$ 和 PO_4^{3-} 浓度最为关键且总敏感性指数占比共达到 60% 以上的参数进行率定和估计。共计 8 个参数包括 4 个对蓝藻生物量最关键的参数 BMR、PM、KTB、KESS，2 个对 $NH_4^+ - N$ 和 $NO_3^- - N$ 都最为关键的参数 Nitm 和 KDN；2 个对 PO_4^{3-} 最关键的参数 KRP 和 KTHDR。这些参数初始率定的范围与巢湖二维富营养化模型参数敏感性分析范围相同。MCAD - MOPSO 算法需要设置的参数有 4 个，分别是种群大小、迭代次数、外部集最大粒子数以及对流-扩散粒子数，分别设置为 1000、100、2500 和 1000，因此，自动率定中模型估计次数为 10 万次。模型的估计仍使用代理模型完成。

目标空间中 Pareto 前沿如图 4.4 所示，其中共获得 928 组非劣解。从图可以发现，4 个目标的最小相对误差都在 5%～10%，表明基于 MCAD - MOPSO 算法的自动率定有效地减少了蓝藻生物量、$NH_4^+ - N$、$NO_3^- - N$ 和 PO_4^{3-} 浓度的平均相对误差。进一步分析发现，整体上蓝藻生物量的相对误差与 PO_4^{3-} 相对误差之间不存在显著的相关关系，这再次证明在巢湖夏季，PO_4^{3-} 并不是蓝藻生消的限制因子。相对误差的相关性分析也发现 $NH_4^+ - N$ 和 $NO_3^- - N$ 的模拟精度均不会影响蓝藻生物量的模拟精度，表明营养盐均不是蓝藻生消的限制因子，这与敏感性分析的结论相一致。同时，$NH_4^+ - N$ 和 $NO_3^- - N$ 相对误差的相关系数为 0.25（$p < 0.01$），这是由于 $NH_4^+ - N$ 和 $NO_3^- - N$ 存在转化关系，因此，其中一个相对误差的减小也有助于另一个相对误差减小。

从结果的局部来看，其中一个目标最小时，其余三个目标函数也相对较小。如蓝藻生物量平均相对误差最小为 10.37% 的非劣解对应的 $NH_4^+ - N$、$NO_3^- - N$ 和 PO_4^{3-} 浓度的平均相对误差分别只有 15.35%、10.20% 以及 7.23%；又如 PO_4^{3-} 浓度误差最小为 4.89% 的非劣解对应的蓝藻生物量、$NH_4^+ - N$ 和 $NO_3^- - N$ 浓度的相对误差为 13.14%、22.86% 及 14.77%。表 4.6 给出了 4 个变量平均误差分别最小时对应的 8 个关键参数的估计。

从表 4.6 可以得出，不同变量误差最小时参数的估计值总体一致，其取值范围比参数的初始分布范围小很多，这是由于蓝藻生物量、$NH_4^+ - N$ 浓度等变量间具有相关性，所以不同变量相对误差最小时的参数组估计结果区别不大，这也反映了 MCAD - MOPSO 算法的有效性。同时，因为测量误差等问题的存在，参数难以被率定为一组解，参数组在不同情况下的估计不完全相同。

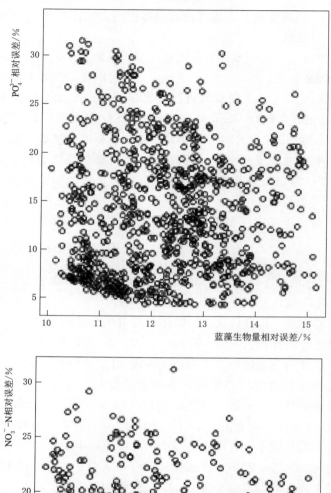

图 4.4　多目标解的 Pareto 前

表 4.6　　　水环境变量对应的平均相对误差最小时的参数估计

参数	单位	蓝藻生物量	$NH_4^+ - N$	$NO_3^- - N$	PO_4^{3-}
BMR	d^{-1}	0.1750	0.1299	0.1543	0.1327
PM	d^{-1}	0.1759	0.1334	0.1613	0.1409
KTB	$℃^{-1}$	0.0414	0.0335	0.0371	0.0468
KESS	m^{-1}	0.4275	0.6621	0.6201	0.6704
KDN	d^{-1}	0.0117	0.0104	0.0116	0.0091
Nitm	$gNm^{-3}d^{-1}$	0.0101	0.0081	0.0094	0.0100
KRP	d^{-1}	0.0036	0.0048	0.0042	0.0058
KTHDR	$℃^{-1}$	0.0620	0.0797	0.0709	0.0805

实际研究和预测中推荐应用 4 个环境变量平均相对误差之和最小情况下对应的参数组。表 4.7 给出了 8 个参数在此情况下的最优估计，其 4 个环境变量相对误差分别为 12.55％、12.30％、8.19％ 和 6.91％，平均相对误差之和约为 39.95％。

表 4.7　　　关 键 参 数 的 最 优 值

参数名	单位	参数值
BMR	d^{-1}	0.1428
PM	d^{-1}	0.1317
KTB	$℃^{-1}$	0.0356
KESS	m^{-1}	0.7445
KDN	d^{-1}	0.0100
Nitm	$gNm^{-3}d^{-1}$	0.0116
KRP	d^{-1}	0.0043
KTHDR	$℃^{-1}$	0.0832

图 4.5～图 4.7 给出的是 4 个环境变量平均相对误差之和最小情况下 3 个监测点模拟值与观测值的比较。

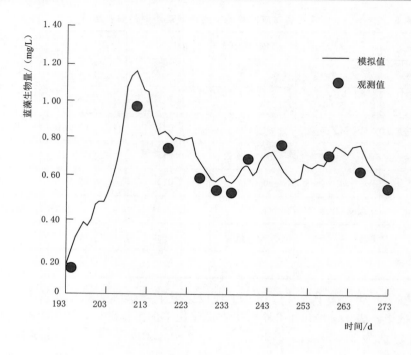

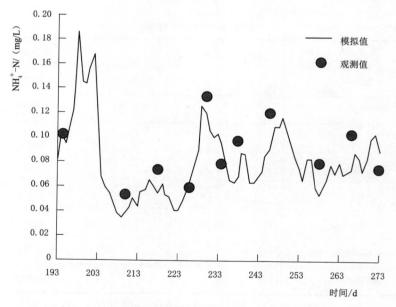

图 4.5（一） 1 号监测点巢湖蓝藻、$NH_4^+ - N$、$NO_3^- - N$
和 PO_4^{3-} 的趋势

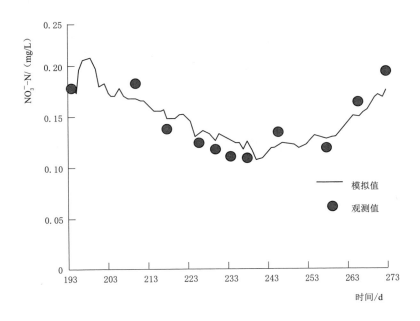

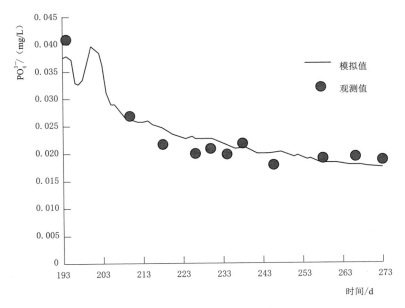

图 4.5（二）　1 号监测点巢湖蓝藻、$NH_4^+ - N$、$NO_3^- - N$
和 PO_4^{3-} 的趋势

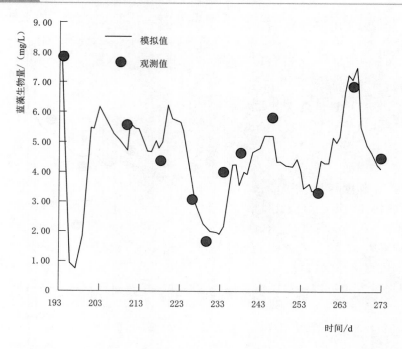

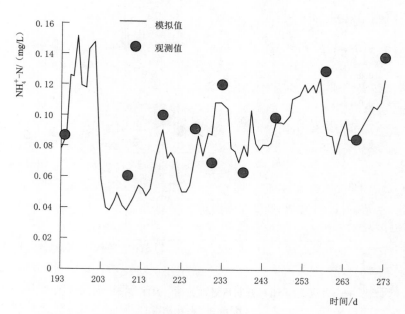

图 4.6 (一) 3号监测点巢湖蓝藻、$NH_4^+ - N$、$NO_3^- - N$

和 PO_4^{3-} 的趋势

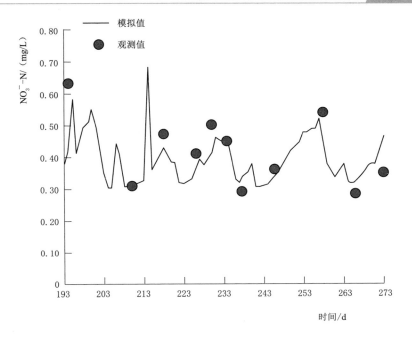

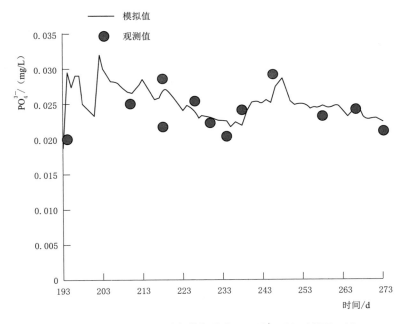

图 4.6（二）　3 号监测点巢湖蓝藻、$NH_4^+ - N$、$NO_3^- - N$
和 PO_4^{3-} 的趋势

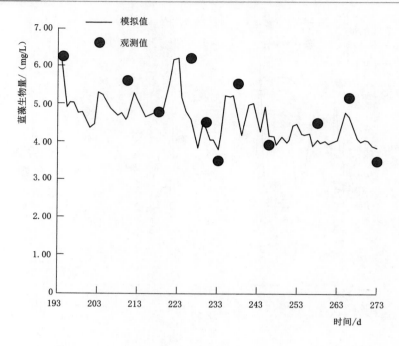

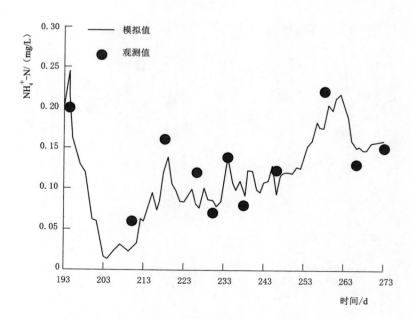

图 4.7（一）　6 号监测点巢湖蓝藻、$NH_4^+ - N$、$NO_3^- - N$
和 PO_4^{3-} 的趋势

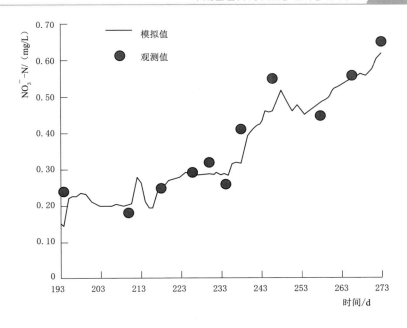

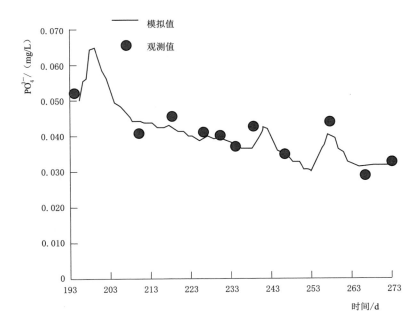

图 4.7（二） 6 号监测点巢湖蓝藻、$NH_4^+ - N$、$NO_3^- - N$
和 PO_4^{3-} 的趋势

从图 4.5～图 4.7 可得，蓝藻生物量、$NH_4^+ - N$、$NO_3^- - N$ 和 PO_4^{3-} 浓度的模拟值与观测值吻合的非常好。用相关系数衡量结果发现 3 个监测点蓝藻生物量模拟值与观测值的相关系数分别为 0.93、0.88 和 0.79，相比较第 2 章选取默认参数的模拟结果，蓝藻在 3 个监测点的相关系数分别增加了 0.24、0.15、0.13。这表明模型模拟很好地吻合了观测的趋势。其余变量 $NH_4^+ - N$、$NO_3^- - N$ 和 PO_4^{3-} 浓度的模拟值与观测值也存在显著的正相关性，观测与模拟趋势吻合良好，所以可以认为多目标率定优化后的参数值是富营养化模型相关参数最优估计。

4.4 本章小结

本章研究了巢湖二维富营养化模型参数的多目标率定和估计。首先提出了一种性能优越的抗噪多目标粒子群优化算法。随后将新算法用于巢湖二维富营养化模型的参数率定中，给出 8 个关键参数的最优估计。

（1）利用马氏距离、势偏好机制和对流扩散算子提出了一种新的具有抗噪性能的多目标粒子群优化算法 MCAD - MOPSO。在没有噪声情况的测试中，新算法明显优于 NSGA - II、MOPSO 和 MOPSO - CD 算法，且在所有测试函数中均能很好地逼近真实的 Pareto 前沿且获得分布较好的非劣解集。

（2）在有噪声情况的测试中，测试结果表明新算法在不同的噪声强度下都具有良好的抗噪性能，其优化能力显著高于 MOPSO - CD 等进化算法。在 GD、SP 和 ER 三个指标度量下，提出的 MCAD - MOPSO 算法在所有测试函数中均具有较好的性能。在噪声服从 $N(0,0.05)$ 情况下，MOPSO - CD 算法关于 GD、SP 和 ER 的平均性能在所有的测试函数中分别是 MCAD - MOPSO 算法的 1.3～7.5、1.4～6.4 和 1.2～3.0 倍；对应于测试函数的噪声服从 $N(0,0.15)$ 时，其分别是 MCAD - MOPSO 算法的 1.4～7.0、1.2～1.8 和 1.2～4.3 倍。这表明在有噪声的情况下，MCAD - MOPSO 算法也能准确地逼近真实的 Pareto 前沿且具有较好的分布。

（3）以蓝藻生物量、$NH_4^+ - N$、$NO_3^- - N$ 和 PO_4^{3-} 浓度的平均相对误差为目标，将 MCAD - MOPSO 算法用于巢湖二维富营养化模型的多目标参数率定。分析了模型中 BMR、PM、KTB、KESS、KDN、Nitm、KRP 以及 KTHDR 等 8 个关键参数，在 4 个水环境变量平均相对误差分别最小时对应的关键参数值，发现由于变量间的相关性，不同变量误差最小情况下参数组的值相互一致，这也表明了 MCAD - MOPSO 算法的有效性。在此基础上，以所有环境变量相对误差的和最小为原则，给出了 8 个关键参数的最优估计，分析发现在此组参数下蓝藻生物量、$NH_4^+ - N$、$NO_3^- - N$ 和 PO_4^{3-} 浓度模拟值与观测值之间的相对误差均较小，且趋势也非常吻合。

第5章

基于非劣解的参数多目标最大概率估计

　　模型参数具有不确定性，这将带来模型预测风险，因此有必要研究参数的最大概率估计及其区间估计[113]。本章在前面研究基础上，提出了一种基于非劣解的参数多目标 RSA 不确定性分析方法，并应用该方法对巢湖富营养化模型关键参数进行不确定性研究。由于在参数不确定性分析的过程中应用了非劣解的概念，而非劣解的挑选过程实质已经进行了参数优化过程，因此，在参数不确定性分析的基础上结合自助法（bootstrap）可以估计 8 个关键参数的最大概率估计值及其区间估计。最大概率值置信区间考虑了参数不确定性，同时，极大地减小了参数不确定性给模型预测带来的风险。

　　5.1 节针对常用的 RSA 不确定性分析方法从单目标问题扩展到多目标问题时存在的困难，利用非劣解概念并结合 RSA 方法，提出了参数多目标不确定性分析方法。5.2 节将参数多目标不确定性方法用于巢湖二维富营养化模型参数分析，得到了关键参数不确定性的分布。5.3 节在参数不确定性分析的基础上，结合自助法给出了关键参数的最大概率估计及其 95％ 置信区间。

5.1　多目标参数不确定性分析方法

5.1.1　RSA 方法

　　RSA 是一种基于可接受与不可接受划分的参数不确定性分析方法。它的主要思想是给定一组参数，如果模型模拟结果满足事先设定的条件，则对应的参数就是可接受的；如果模拟结果不满足事先设定的条件，则参数是不可接受的。这一方法的思想非常简单，主要工具也只是计算模拟结果与事先设定的结果比较。该方法能够方便地将定量和定性语言描述的条件转化为确定参数的信息，因此在水文模型等领域被广泛用于参数不确定性的分析。但由于 RSA 方法需要大量的计算资源，因此在富营养化模型的研究应用中还较少。

RSA 方法研究参数的不确定性主要分为 6 个步骤：①根据模拟的用途和要求确定参数可接受与否的规则，最常见的规则是某个误差度量指标小于阈值；②确定参数的取值区间与分布形式，这一步主要是确定参数的先验；③根据选定的参数分布，利用统计采样方法生成符合要求的参数样本，并进行模拟；④根据第一步确定的规则和模拟结果，将参数区分为可接受与不可接受两部分；⑤重复执行以上步骤，直至产生足够多的可接受参数组，构成参数的后验分布；⑥对可接受参数的后验分布进行分析，结合其先验分布讨论观测值对减小参数不确定性的作用。

从以上步骤可以得到，RSA 方法有许多的因素值得研究。如确定的误差度量形式和区分参数是否可接受的阈值选择对参数不确定性的影响；又如参数的先验分布对参数不确定性的影响；或者是度量参数初始分布与后验分布区别的指标等。以上诸多问题在各文献中均有一定的研究，但大多局限于运用一个度量目标分析参数的不确定性，而对多目标参数不确定性分析的 RSA 方法研究较少。

在仅有的少数运用 RSA 方法研究参数多目标不确定性的文献中，将单目标参数不确定性分析扩展的主要路径都是对多个目标可接受的参数取交集。这一想法是自然的，但有两个重要困难难以克服：第一，RSA 方法需要分别确定目标的阈值，阈值的确定往往是非常主观的，而多个目标要分别确定阈值会极大增加结果的主观性；同时，多个目标不同阈值可以构成很多组合，每个组合的可接受参数分布可能区别很大，因此给结果的分析和应用都带来很大的不便。第二，多个目标的阈值取交集将导致获得的可接受参数数量极大减少，需要的模型计算量将非常庞大，这对富营养化模型参数的不确定性分析极为不利。为了克服这些困难，结合非劣解集概念，提出了一种新的参数不确定性分析方法。

5.1.2　非劣解的多目标 RSA 方法

详细分析 RSA 方法研究参数不确定性的过程可以发现，RSA 方法推广为多目标方法的主要困难在于多目标可接受参数的定义。在传统的 RSA 方法中，可接受参数是通过确立目标阈值，挑选出符合要求的模拟结果所对应的参数组即为可接受参数组。更进一步，可接受参数的实质是挑选出比不可接受参数表现更为优秀的参数，它本身并不依赖于一定的阈值，而是依赖于参数"可接受"的定义。传统的多目标参数不确定性分析将可接受定义为同时满足多个条件，但会带来难以解决的问题。

从上述思路出发，发现利用多目标优化中非劣解的概念可以较好地定义"可接受"的参数。图 5.1 是目标函数越小越好情况下的非劣解集的示意图，A、B 和 C 点表示三组参数分别对应的目标函数值。按照非劣解的定义，A、B 点互不支配，因此从此意义上，这两点是等价的，并不存在某个解更优秀的定义；而 A、B 两点在任何一个目标函数上都比 C 点的表现更好，因此从误差度量的角度，C 点对应的参数组应该被排除，即是不可接受的。总之，定义非劣解集对应的参数组为"可接受"参数，非劣解集以外的解对应的参数组为"不可接受"的参数是合适的。由此，RSA 方法可被运用于多目标参数的不确定性分析。

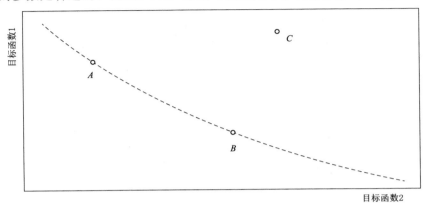

图 5.1　非劣解集示意

　　根据非劣解的定义，通过非劣解集定义"可接受"参数不需要任何人工确定的阈值，且挑选出的参数都支配其他没有被挑选的参数组，符合"可接受"参数的思想。确定"可接受"参数的过程简单，相比传统的多目标参数不确定性分析方法，其计算量也没有显著增加。从应用角度来看，这一方法可以和多目标参数估计过程一起完成，也可以分开独立完成，原有的参数不确定性分析程序只需稍加改造即可实现本方法。因此，基于非劣解的多目标 RSA 方法是性质良好的多目标参数不确定性分析方法。

5.2　巢湖关键参数多目标不确定性分析

　　为研究不同目标函数对参数不确定性的影响，分别设置两组目标函数，应用非劣解多目标 RSA 方法进行研究。第一组以蓝藻生物量、$NH_4^+ - N$、$NO_3^- - N$ 和 PO_4^{3-} 浓度的平均相对误差作为目标函数，第二组以蓝藻生物量、$NH_4^+ - N$、$NO_3^- - N$ 和 PO_4^{3-} 浓度的均方根误差为目标函数。为保证分析的有效性，两种情况下参数的初始值相同，每组均运行 1 万次模型，平均误差为目标函数的非劣解约有 400 个，而均方根误差为目标函数的非劣解约为 500 个。其中，参数初始分布假设为均匀分布，变化范围为 ±75%。值得注意的是，与优化过程不同，运行过程中没有进行优化，而是直接按照非劣解的概念进行比较，从中直接挑选出符合要求的解。图 5.2 所示是以平均误差为目标函数的 8 个巢湖富营养化模型关键参数的边缘概率密度估计以及二维联合概率估计，其中横轴和纵轴的曲线图分别是两个参数的边缘概率密度图，而等值线图则是两个参数的联合概率密度图。

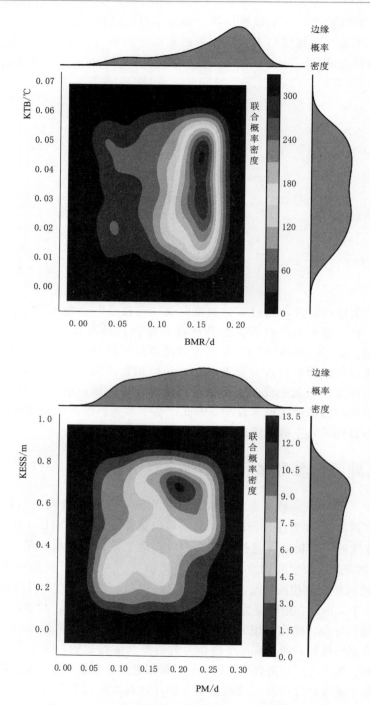

图 5.2 （一）　相对误差下可接受关键参数概率密度

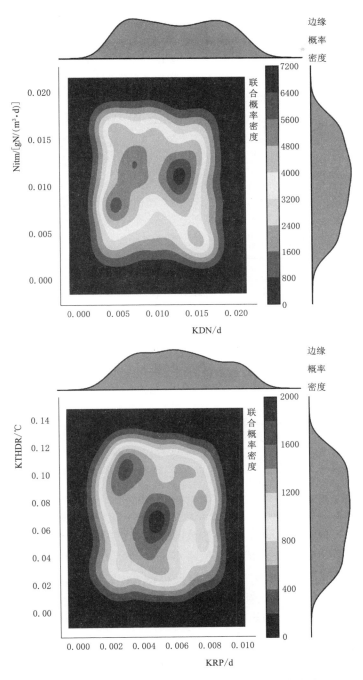

图 5.2（二）　相对误差下可接受关键参数概率密度

从图中可以看出，KTB、KDN 的边缘概率密度估计比较类似，这两个参数的概率密度函数都表现为典型的双峰函数，其在较小和较大的取值范围内各有一个较大的概率。KTHDR、Nitm 两个参数分布较为平坦，说明它们的不确定性较大。BMR、PM、KRP 以及 KESS 则表现为较明显的单峰函数，且 BMR 的概率密度函数峰最高，说明其不确定性最小。

从联合概率密度函数来看，KTB、BMR 及 PM、KESS 两组参数表现为明显的一个中心分布，且高峰分布在右上角，表明这四个参数可能的取值较大，且两组参数的联合不确定性较小；其余两组表现为两个大概率中心，表明它们的联合不确定性较大。这些结果可以与参数敏感性分析的结果相互映证。表 5.1 是以相对误差为目标时 8 个关键参数初始分布与非劣解集分布特征的比较。

表 5.1　　　　　相对误差为目标参数初始与非劣解分布特征比较

参数	平　均　值		标　准　差		峰　度	
	初始	非劣解	初始	非劣解	初始	非劣解
BMR	0.109	0.130	0.044	0.036	1.81	3.48
PM	0.156	0.227	0.077	0.033	1.79	5.11
KTB	0.035	0.041	0.012	0.006	1.84	2.80
KESS	0.453	0.673	0.193	0.100	1.84	3.35
KDN	0.009	0.010	0.005	0.002	1.82	4.03
Nitm	0.011	0.010	0.004	0.003	1.85	2.56
KRP	0.005	0.004	0.003	0.001	1.94	3.34
KTHDR	0.069	0.075	0.029	0.012	1.88	2.64

从表 5.1 的结果可得，8 个参数非劣解的平均值与其初始值的平均值有明显区别，除 KRP 和 Nitm 以外，多数参数的非劣解的平均值大于其初始值的平均值，而 KRP 和 Nitm 非劣解的平均值略小于其初始值的平均值。从不确定性分析可以得到非劣解的标准差小于初始值的标准差，非劣解的峰度大于初始值的峰度。由于标准差和峰度分别表示数值的离散程度以及数值分布的陡峭程度，因此这两个特征从不同方面表明非劣解的不确定性小于其初始分布的不确定性。另外，分别计算关键参数初始和非劣解分布的信息熵可以发现，非劣解分布的信息熵比初始分布的信息熵小 92% 左右，也表明参数不确定性的降低。图 5.3 所示是以均方根误差为目标下，关键参数的边缘概率密度和二维联合概率密度分布。

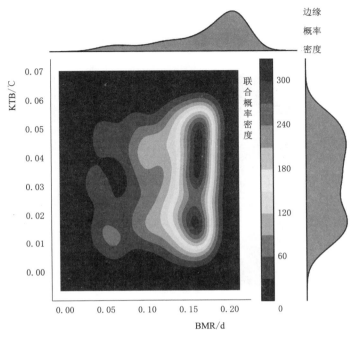

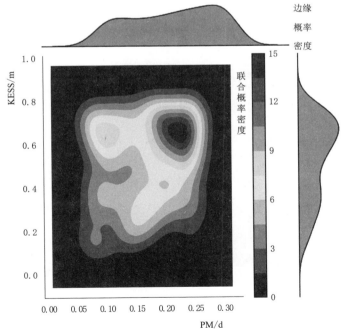

图 5.3（一）　均方根误差下可接受关键参数概率密度

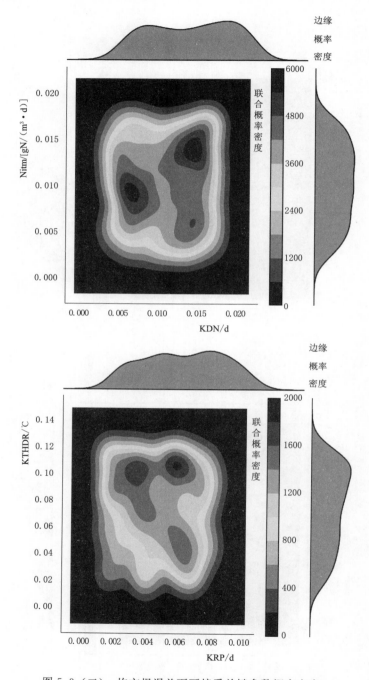

图 5.3（二） 均方根误差下可接受关键参数概率密度

比较图 5.2 与图 5.3 的结果可以发现，以边缘概率密度而言，相对误差和均方根误差为目标下 8 个关键参数的不确定性区别不大，仅 KRP 的边缘概率密度在两组目标下略有区别，这与文献在参数单目标不确定性研究结果类似。从参数的联合概率密度函数可以看出，两种情况下参数的联合不确定性有较大区别，比如 BMR 和 KTB 的联合概率密度在相对误差为目标下只有一个显著的高峰区域，而以均方根误差为目标下则有两个显著高峰区域；在均方根误差为目标函数时 KRP 和 KTHDR 的联合概率密度高峰区域个数及面积均大于第一种情况。这些结果都表明以均方根误差为目标函数的参数联合不确定性显著高于以相对误差为目标函数的结果。从熵的结果分析，这一组结果的熵比初始分布的熵减小了约 86％，这也表明相对误差比均方根误差更适合用于减小参数的不确定性。

5.3　巢湖关键参数最大概率及区间估计

由于在参数不确定性分析的过程中应用了非劣解的概念，而非劣解的挑选过程实质已经进行了参数优化过程，因此，在参数不确定性分析的基础上结合自助法可以估计 8 个关键参数的最大概率估计值及其区间估计。最大概率值置信区间考虑了参数不确定性，同时，极大地减小了参数不确定性给模型预测带来的风险。

自助法是一种基于重抽样对参数统计性质进行估计的方法，当参数的分布未知或即使已知但非常复杂的时候，利用自助法可以方便地进行估计。自助法进行的是一种有放回的重抽样，具体方法如下：

假设可接受的参数有 n 组，将可接受的参数作为总体，做有放回的再抽样，保证每组参数在每次再抽样时出现的概率均为 $1/n$。利用再抽样得到的样本和核概率密度函数估计得到每个参数的最大概率及其对应的取值 θ_i^*。这一过程重复 B 次，当 B 充分大时，可用下式估计参数的最大概率值 $\widetilde{\theta}$

$$\widetilde{\theta} = \sum_{i=1}^{B} \frac{1}{B} \theta_i^* \tag{5.1}$$

进一步，$\widetilde{\theta}$ 的标准差用下式计算

$$S_\theta = \left[\frac{1}{B-1} \sum_{i=1}^{B} (\theta_i^* - \widetilde{\theta})^2 \right]^{1/2} \tag{5.2}$$

$\widetilde{\theta}$ 在 $(1-\alpha)$ 置信水平下的置信区间可用以下方法求出：将每一次求出的 Bootstrap 估计量 θ_i^* 从小到大排列，则第 $\alpha/2$ 和第 $1-\alpha/2$ 就是 $\widetilde{\theta}$ 在 $(1-\alpha)$ 置信水平下的置信区间，这一方法就是百分位自助法。

由于上一节表明，相对误差作为目标函数能够更有效地减少参数的不确定性，因此使用相对误差作为目标函数得到的非劣解估计巢湖关键参数的最大概

率取值及其置信区间。表 5.2 为巢湖中 8 个关键参数的最大概率估计及其 95％
的置信区间，图 5.4 所示是关键参数最大概率取值的分布。

表 5.2　　　　　　关键参数最大概率估计及 95％的置信区间

参数	95％上限	估计值	标准差	95％下限
BMR	0.1630	0.1602	0.0016	0.1565
PM	0.2058	0.1865	0.0180	0.1314
KTB	0.0481	0.0443	0.0094	0.0214
KESS	0.7105	0.6865	0.0411	0.5220
KDN	0.0146	0.0045	0.0041	0.0041
Nitm	0.0134	0.0114	0.0015	0.0079
KRP	0.0059	0.0047	0.0008	0.0028
KTHDR	0.1058	0.0776	0.0160	0.0460

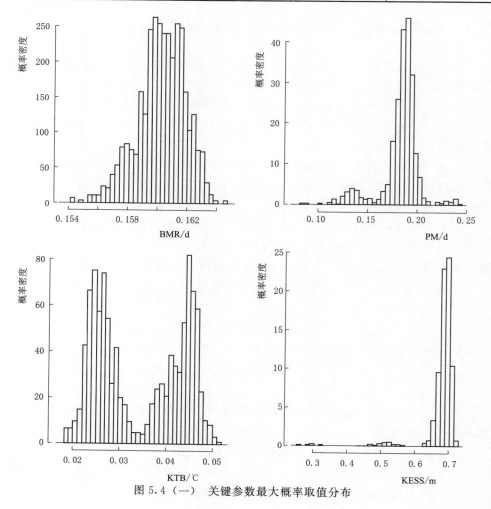

图 5.4（一）　关键参数最大概率取值分布

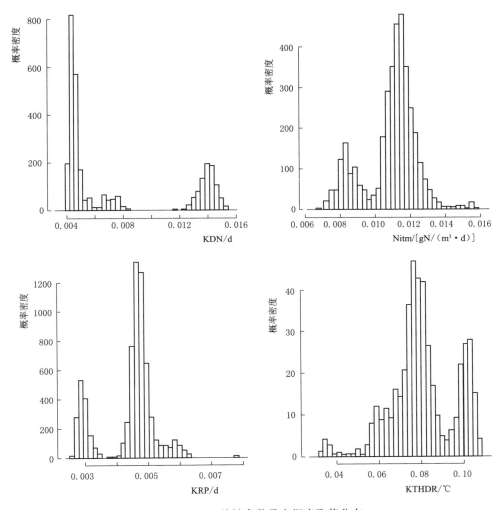

图 5.4（二）　关键参数最大概率取值分布

　　从表 5.2 可得，前 4 个参数即 BMR、PM、KTB 和 KESS 的变异系数相对较小，后 4 个参数的变异系数则逐渐增大，表明这 4 个参数的最大概率取值的不确定性逐渐增大。另外，从图 5.4 可以得到前 4 个参数的最大概率取值分布的峰极高，其中的 KTB 虽然为双峰分布，但是取值范围较小；而后 4 个参数都为双峰或多峰分布，且取值范围较大，这也说明了后 4 个最大概率取值的不确定性较大。这些分析都与不确定性分析及敏感性分析结果相一致。

　　比较上一章的结果可以发现，8 个参数最大概率估计值与表 4.6 及表 4.7 中的结果均有一定的差异，这是因为最大概率估计代表了关键参数对多个目标函数做权衡折中后得到的最大可能性的估计，表 4.6 中的解则分别代表某一个目标函数最佳时的解，但势必牺牲了其他目标函数的精度；表 4.7 则是 4 个变量相对误差之和最小时的参数值，它不一定是参数值的最大概率值。从另一个角度来说，借助自助法，不但可以给出参数的最大概率估计，也可以给出参数的最大概率估计的置信区间，从而减小参数不确定性可能造成的预测值的不确定性；在这个意义上，最大概率估计是实际预测和管理政策制定中更好的依据。进一步，分析发现表 4.6 和表 4.7 中的值多数在最大概率取值的 95% 置信区间内，这表明参数优化过程与不确定性分析过程一定程度上是一致的。

5.4　本章小结

本章基于非劣解集概念与 RSA 方法，克服传统 RSA 方法的缺陷提出了一种新的参数多目标不确定性分析方法，并利用该方法对巢湖关键参数进行了不确定性分析。在此基础上，利用自助法估计巢湖关键参数的最大概率取值及其 95% 置信区间。最大概率值置信区间考虑了参数不确定性，同时，极大地减小了参数不确定性给模型预测带来的风险。本章工作具体如下：

（1）提出了一种基于非劣解集理论的多目标不确定性分析方法，将其应用于 BMR、PM、KTB、KESS、KDN、Nitm、KRP 及 KTHDR 这 8 个关键参数的不确定性研究中，多个指标分析发现非劣解集可以显著减小参数的不确定性。不确定性分析的结果表明：BMR、PM、KTB 和 KESS 的不确定性较小，而 KDN、Nitm、KRP 及 KTHDR 的不确定性较大。

（2）比较研究发现，虽然单目标下参数不确定性结果类似，但对于参数的联合不确定性而言，相对误差作为目标函数比均方根误差作为目标函数能更有效地减小参数的不确定性。

（3）在不确定分析基础上，结合自助法给出了 8 个关键参数在以相对误差为目标下的最大概率估计、标准差和 95% 置信区间，结果发现第 4 章给出的参数值多数位于最大概率估计的 95% 置信区间内，表明参数不确定分析过程与优化过程的一致性。

第6章

结 论 与 展 望

6.1　主要结论

本书以巢湖富营养化模型为基础，提出了一套"模型构建-数据分析平台-参数敏感性-优化确定-不确定性"的研究体系。针对模型参数众多的问题，提出了一种改进的 Morris 参数筛选方法并对模型重要参数进行筛选。为克服后续模型参数研究所面临的计算瓶颈和巨大数据量的管理、检索困难，开发了巢湖富营养化模型大数据分析平台，并构建了巢湖二维富营养化代理模型。在此基础上，运用 Sobol 敏感性定量分析方法揭示了参数敏感性随蓝藻生消阶段的变化规律及空间分布特征，定量分析了参数的敏感性。针对环境数据不可避免带有噪声而影响模型参数准确估计的问题，提出了一种抗噪多目标粒子群优化算法，确定了巢湖二维富营养化模型关键参数的最优值。同时，提出了一种基于非劣解的参数多目标不确定性分析方法，分析了模型关键参数的不确定性，并给出了关键参数的最大概率值及其区间估计。这些研究对改善和提升巢湖富营养化模型具有重要的理论意义和实践价值。本书主要工作如下：

（1）本书基于 EFDC 模型，建立了巢湖二维水动力模型，在此基础上，根据巢湖夏季水环境特征，构建了巢湖二维富营养化模型。

（2）提出了一种改进的 Morris 方法，并结合独立的巢湖箱式富营养化模型筛选重要参数。结合 Python 语言和 PostgreSQL 数据库开发了巢湖富营养化模型大数据分析平台。在此基础上，利用 Kriging 模型建立了巢湖二维富营养化模型的代理模型。计算结果表明，代理模型对蓝藻生物量、$NH_4^+ - N$、$NO_3^- - N$ 和 PO_4^{3-} 浓度的计算结果在训练集和验证集上都具有非常好的一致性。运用大数据分析平台和代理模型在个人计算机上完成了 1500 个计算案例以及 150 多亿条数据存储、检索和分析工作，结果表明大数据分析平台以及代理模型相结合可以在 48h 内完成 14 万次模型评估，计算效率提高近 300 倍，突破了个人计算机进行大型湖泊二维富营养化模型参数敏感性和参数优化确定的效率瓶颈。

（3）运用 Sobol 敏感性定量分析方法，在蓝藻不同生消时期对各主要水环境变量的参数进行敏感性分析。结果表明，蓝藻不同生消阶段，关键参数不同，取决于蓝藻基础代谢和生长作用的竞争结果。蓝藻增长初期，其关键参数是 PM 和 KESS；蓝藻下降初期，其关键参数是 BMR 和 KTB。蓝藻处于增长和消亡过程中，参数 BMR、PM、KTB 和 KESS 均较为关键。相比较蓝藻，营养盐在不同时期的关键参数差异不大，$NH_4^+ - N$ 和 $NO_3^- - N$ 最关键的参数均为 Nitm 和 KDN；PO_4^{3-} 的关键参数是 KRP、KTHDR 和 KDP。进一步，蓝藻生物量的参数敏感性分析发现处于夏秋之交的巢湖，对蓝藻生消过程起着控制作用的因子是光照和温度，而营养盐限制作用则较弱。

（4）对参数敏感性的空间分布进一步分析发现：蓝藻生消关键参数的敏感性指数在空间分布上具有较大差异。巢湖西岸区域关键参数的敏感性指数显著区别于其他区域，且大部分参数的敏感性指数均存在明显的带状区域，该带状区域内参数对应的总敏感性指数和相互作用强度显著大于其两边区域。BMR、KTB 的总敏感性指数在空间上的分布规律为西部＜东部＜带状区域；PM、KESS、PRR 和 KDP 的总敏感性指数在空间上的分布趋势为东部＜西部＜带状区域。

（5）针对水环境数据噪声较强的问题，本书提出了一种抗噪多目标粒子群优化算法 MCAD - MOPSO。测试结果表明 MCAD - MOPSO 算法能够有效降低数据噪声对多目标率定结果的影响。利用该算法并结合富营养化模型的参数敏感性分析结果和代理模型，给出了巢湖 8 个关键参数的最优估计。

（6）本书利用非劣解概念结合 RSA 方法提出了一种参数多目标不确定性分析方法，研究发现 BMR、PM、KTB 和 KESS 的不确定性较小，而 KDN、Nitm、KRP 及 KTHDR 的不确定性较大，而且相对误差作为目标比均方根误差作为目标能更好地减小参数的不确定性。进一步，结合自助法获得了 8 个关键参数的最大概率估计及其 95％置信区间。

6.2 展望

本研究虽然在巢湖富营养化模型参数的敏感性分析、大数据分析管理平台、参数的抗噪多目标自动率定技术、富营养化关键参数估计等方面取得了一定的进展和成果，但是因富营养化模型参数研究的复杂性以及个人研究水平、研究条件和时间等限制，存在诸多不足之处，部分内容还有待进一步完善，主要包括：

（1）巢湖长期多维富营养化模型的研究。巢湖富营养化问题较为严重，但受光照、气温、风况以及河道输入等边界条件的影响，其不同季节间的水质状态有显著区别。建立巢湖不同年份、不同季节多维富营养化模型需要长期大量的边界条件和湖中监测点数据的积累，而目前巢湖积累的观测数据尚不足以支撑全面仔细地研究其长年富营养化模型。因此，本书主要集中于巢湖夏季富营养化模型的研究，下一步，将在积累数据的基础上，对巢湖长期多维富营养化模型进行研究。

（2）巢湖富营养化模型结构不确定性。湖泊富营养化模型不确定性大致来源于参数、边界条件和模型结构。本书的研究在本质上围绕巢湖富营养化模型的参数展开了详细研究，但并未涉及富营养化模型结构不确定性的研究。巢湖的环境和水文条件多变，其富营养化模型结构很可能随着时间或其他边界条件发生改变。下一步，将结合本研究成果、巢湖全年观测数据以及模型的正则化技术，探索巢湖富营养化动态结构模型，研究其模型结构的不确定性。

（3）巢湖关键参数的时间-空间分布。本研究证明巢湖富营养化模型关键参数的敏感性随着状态-空间等因素有着显著不同。事实上，这些关键参数在巢湖的不同时期与不同空间的值可能不一样，但由于大型湖泊计算耗费过大，很难分区估计参数。下一步，将进一步结合数据同化、并行技术、大数据分析技术和代理模型技术，分时间、分区域估计巢湖模型关键参数。

参 考 文 献

［1］ BENNETT E M, CARPENTER S R, CARACO N F. Human impact on erodable phosphorus and eutrophication: A global perspective [J]. Bioscience, 2001, 51 (3): 227 - 234.

［2］ BIANCHI T S, ENGELHAUPT E, WESTMAN P, et al. Cyanobacterial blooms in the Baltic Sea: Natural or human - induced? [J]. Limnology and Oceanography, 2000, 45 (3): 716 - 726.

［3］ 金相灿. 湖泊富营养化控制和管理技术 [M]. 北京: 化学工业出版社, 2001.

［4］ 秦伯强, 高光, 朱广伟, 等. 湖泊富营养化及其生态系统响应 [J]. 科学通报, 2013, 58: 855 - 864.

［5］ SCHINDLER D W. Eutrophication and recovery in experimental lakes: Implications for lake management [J]. Science, 1974, 184 (4139): 897 - 899.

［6］ CHISLOCK M F, DOSTER E. Eutrophication: Causes, consequences, and controls in aquatic ecosystems [J]. Nature Education Knowledge, 2013, 4 (4): 10.

［7］ JØRGENSEN S E, BENDORICCHIO G. Fundamentals of ecological modelling [M]. New York: Elsevier, 2001.

［8］ SAKAMOTO M. Primary production by phytoplankton community in some Japanese lakes and its dependence on lake depth [J]. Arch Hydrobiol, 1966, 62: 1 - 28.

［9］ VAN NIEUWENHUYSE E E, JONES J R. Phosphorus - chlorophyll relationship in temperate streams and its variation with stream catchment area [J]. Canadian Journal of Fisheries & Aquatic Sciences, 1996, 53 (1): 99 - 105.

［10］ RILEY E, PREPAS E. Comparison of the phosphorus - chlorophyll relationships in mixed and stratified lakes [J]. Canadian Journal of Fisheries and Aquatic Sciences, 1985, 42 (4): 831 - 835.

［11］ WESTLAKE D F. Primary production [M]. Cambridge: Cambridge University Press, 1980.

［12］ 白晓华, 胡维平. 太湖水深变化对氮磷浓度和叶绿素 a 浓度的影响 [J]. 水科学进展, 2006, 17 (5): 727 - 732.

［13］ WANG Y L, Hua Z L, Wang L. Parameter estimation of water quality models using an improved multi – objective particle swarm optimization [J]. Water, 2018, 10 (1): 32.

[14] VOLLENWEIDER R A. Input – output models with special reference to the phosphorus loading concept in limnology [J]. Schweizerische Zeitschrift Für Hydrologie, 1975, 37 (1): 53 – 84.

[15] KIRCHNER W B, DILLON P J. An empirical method of estimating the retention of phosphorus in lakes [J]. Water Resources Research, 1975, 11 (1): 182 – 183.

[16] KLAPWIJK A, SNODGRASS W J. Model for lake – bay exchange flow [J]. Journal of Great Lakes Research, 1985, 11 (1): 43 – 52.

[17] MALMAEUS J M, HÅKANSON L. A dynamic model to predict suspended particulate matter in lakes [J]. Ecological Modelling, 2003, 167 (3): 247 – 262.

[18] CARPENTER S R, LUDWIG D, BROCK W A. Management of eutrophication for lakes subject to potentially irreversible change. [J]. Ecological Applications, 1999, 9 (3): 751 – 771.

[19] SRINIVASU P D N. Regime shifts in eutrophied lakes: A mathematical study [J]. Ecological Modelling, 2004, 179 (1): 115 – 130.

[20] JØRGENSEN S E. State – of – the – art management models for lakes and reservoirs [J]. Lakes & Reservoirs Research & Management, 1995, 1: 79 – 87.

[21] BENNDORF J, RECKNAGEL F. Problems of application of the ecological model salmo to lakes and reservoirs having various trophic states [J]. Ecological Modelling, 1982, 17 (2): 129 – 145.

[22] GAMITO S, ERZINI K. Trophic food web and ecosystem attributes of a water reservoir of the Ria Formosa (south Portugal) [J]. Ecological Modelling, 2005, 181 (4): 509 – 520.

[23] PUIJENBROEK V P J T M, JANSE J H, KNOOP J M. Integrated modelling for nutrient loading and ecology of lakes in the Netherlands [J]. Ecological Modelling, 2004, 174 (1 – 2): 127 – 141.

[24] CERCO C F, COLE T. User's guide to the CE – QUAL – ICM three – dimensional eutrophication model: Release Version 1. 0 [R]. Vicksburg USA: Army Engineer Waterways Experiment Station, 1995.

[25] PARK R A, CLOUGH J S. AQUATOX (Release 2) modeling environmental fate and ecological effects in aquatic ecosystems, Vol 2: Technical documentation [R]. Wash-

ington，USA：Environmental Protection Agency，2004.

［26］ AMBROSE R B，WOOL T A，CONNOLLY J P，et al. WASP4，a hydrodynamic and water quality model—Model theory，user's manual，and programmer's guide ［R］. Athens，GA，USA：Environmental Research Lab，1988.

［27］ JAMES T R，MARTIN J，WOOL T，et al. A sediment resuspension and water quality model of lake Okeechobee ［J］. Jawra Journal of the American Water Resources Association，1997，33（3）：661－678.

［28］ ERNST M R，Jennifer O. Development and application of a WASP model on a large Texas reservoir to assess eutrophication control ［J］. Lake & Reservoir Management，2009，25（2）：136－148.

［29］ 朱文博，王洪秀，柳翠，等. 河道曝气提升河流水质的 WASP 模型研究 ［J］. 环境科学，2015，36（4）：1326－1331.

［30］ 田勇. 湖泊三维水动力水质模型研究与应用 ［D］. 武汉：华中科技大学，2012.

［31］ HYDRAULICS W D. Delft3D－FLOW：Simulation of multi－dimensional hydrodynamic flows and transport phenomena，including sediments—User manual ［M］. Delft，Netherlands：WL | Delft Hydraulics，2003：20－35.

［32］ LOS F J，VILLARS M T，Van Der Tol MWM. A 3－dimensional primary production model（BLOOM/GEM）and its applications to the（southern）North Sea（coupled physical－chemical－ecological model）［J］. Journal of Marine Systems，2008，74：259－294.

［33］ CHEN Q W，MYNETT A E. Modelling algal blooms in the Dutch coastal waters by integrated numerical and fuzzy cellular automata approaches ［J］. Ecological Modelling，2006，199：73－81.

［34］ CHEN Y Z，LIN W Q，ZHU J R，et al. Numerical simulation of an algal bloom in Dianshan Lake ［J］. Chinese Journal of Oceanology and Limnology & Oceanography，2016，34（1）：231－244.

［35］ CRAIG P M. User's manual for EFDC _ Explorer 7. 1：A pre/post processor for the environmental fluid dynamics code（Rev 00）［R］. Knoxville，TN：Dynamic Solutions International，2013.

［36］ JIN K R，JI Z G. Case study：Modeling of sediment transport and wind－wave impact in Lake Okeechobee ［J］. Journal of Hydraulic Engineering，2004，130（11）：1055－1067.

[37] JI Z G，HU G，SHEN J，et al. Three – dimensional modeling of hydrodynamic proces-
      ses in the St. Lucie Estuary [J]. Estuarine Coastal and Shelf Science，2007，73：188 –
      200.

[38] 陈昇晖 . 基于 EFDC 模型的滇池水质模拟 [J]. 环境科学导刊，2005，24（4）：
      28 – 30.

[39] 杨澄宇，代超，伊璇，等. 基于正交设计及 EFDC 模型的湖泊流域总量控制：以滇池
      流域为例 [J]. 中国环境科学，2016，36（12）：3696 – 3702.

[40] 华祖林，刘晓东，褚克坚，等. 基于边界拟合下的水流与污染物质输运数值模拟
      [M]. 北京：科学出版社，2013.

[41] 齐珺，杨志峰，熊明，等. 长江水系武汉段水动力过程三维数值模拟 [J]. 水动力学
      研究与进展，2008，23（2）：212 – 219.

[42] CHEN C S，BEARDSLEY R C，COWLES G. An unstructured grid，finite – volume
      coastal ocean model（FVCOM）system [J]. Oceanography，2006，19（1）：78 – 89.

[43] 欧阳潇然，赵巧华，魏瀛珠. 基于 FVCOM 的太湖梅梁湾夏季水温、溶解氧模拟及其
      影响机制初探 [J]. 湖泊科学，2013，25（4）：478 – 488.

[44] 曹颖，朱军政. 基于 FVCOM 模式的温排水三维数值模拟研究 [J]. 水动力学研究与
      进展，2009，24（4）：432 – 439.

[45] ZHANG J J，JØRGENSEN S E. Modelling of point and non – point nutrient loadings from a
      watershed [J]. Environmental Modelling & Software，2005，20（5）：561 – 574.

[46] 王晓青，李哲. SWAT 与 MIKE21 耦合模型及其在澎溪河流域的应用 [J]. 长江流域
      资源与环境，2015，24（3）：426 – 432.

[47] SHABANI A，ZHANG X，Ell M. Modeling water quantity and sulfate concentrations in
      the Devils Lake Watershed using coupled SWAT and CE – QUAL – W2 [J]. Jawra Jour-
      nal of the American Water Resources Association，2017，53（4）：748 – 760.

[48] LIU Z J，HASHIM N B，KINGERY W L，et al. Hydrodynamic Modeling of St. Louis
      Bay Estuary and Watershed Using EFDC and HSPF [J]. Journal of Coastal Research，
      2008，52：107 – 116.

[49] FRAGOSO Jr C R，MOTTA MARQUES D M L，FERREIRA T F，et al. Potential
      effects of climate change and eutrophication on a large subtropical shallow lake [J]. En-
      vironmental Modelling & Software，2011，26（11）：1337 – 1348.

[50] PARK J Y，PARK G A，KIM S J. Assessment of future climate change impact on water

quality of Chungju Lake，south Korea，using WASP coupled with SWAT［J］. Jawra Journal of the American Water Resources Association，2013，49（6）：1225 – 1238.

［51］ 王文兰，曾明剑，任健. 近地面风场变化对太湖蓝藻暴发影响的数值研究［J］. 气象科学，2011，31（6）：718 – 725.

［52］ MALMAEUS J M，BLENCKNER T，MARKENSTEN H，et al. Lake phosphorus dynamics and climate warming：A mechanistic and model approach［J］. Ecological Modelling，2006，190（1 – 2）：1 – 14.

［53］ 王玉琳. 巢湖 EFDC 富营养化模型参数敏感性及优化确定研究［D］. 南京：河海大学，2018.

［54］ CARIBONI J，GATELLI D，LISKA R，et al. The role of sensitivity analysis in ecological modelling［J］. Ecological modelling，2007，203（1 – 2）：167 – 182.

［55］ PIANOSI F，BEVEN K，FREER J，et al. Sensitivity analysis of environmental models：A systematic review with practical workflow［J］. Environmental Modelling & Software，2016，79：214 – 232.

［56］ HE M，HOGUE T S，FRANZ K J，et al. Characterizing parameter sensitivity and uncertainty for a snow model across hydroclimatic regimes［J］. Advances in Water Resources，2011，34（1）：114 – 127.

［57］ 李一平，唐春燕，余钟波，等. 大型浅水湖泊水动力模型不确定性和敏感性分析［J］. 水科学进展，2012，23（2）：271 – 277.

［58］ MULETA M K，NICKLOW J W. Sensitivity and uncertainty analysis coupled with automatic calibration for a distributed watershed model［J］. Journal of Hydrology，2005，306：127 – 145.

［59］ MORRIS M D. Factorial sampling plans for preliminary computational experiments［J］. Technometrics，1991，33（2）：161 – 174.

［60］ CAMPOLONGO F，CARIBONI J，SALTELLI A. An effective screening design for sensitivity analysis of large models［J］. Environmental Modelling & Software，2007，22（10）：1509 – 1518.

［61］ CIRIC C，CIFFROY P，CHARLES S. Use of sensitivity analysis to identify influential and non – influential parameters within an aquatic ecosystem model［J］. Ecological Modelling，2012，246：119 – 130.

［62］ SALACINSKA K，El SERAFY G Y，LOS F J，et al. Sensitivity analysis of the two dimensional application of the Generic Ecological Model (GEM) to algal bloom prediction in the North Sea [J]. Ecological Modelling, 2010, 221 (2): 178 - 190.

[63] KING D M, PERERA B J C. Morris method of sensitivity analysis applied to assess the importance of input variables on urban water supply yield—a case study [J]. Journal of Hydrology, 2013, 477: 17 - 32.

[64] YANG J, YANG W H, Chen Y. Multi - objective sensitivity analysis of a fully distributed hydrologic model WetSpa [J]. Water Resources Management, 2012, 26 (1): 109 - 128.

[65] 伊璇, 郭怀成. 三维水动力水质模型不确定性研究 [M]. 北京: 科学出版社, 2017.

[66] 王玉琳, 汪靓, 华祖林, 等. 氮磷比对湖泊富营养化模型参数敏感性的影响 [J]. 中国环境科学, 2021, 41: 2893 - 2901.

[67] SOBOL I M. Sensitivity estimates for nonlinear mathematical models [J]. Mathematical Modeling & Computational Experiment, 1993, 1 (4): 407 - 414.

[68] VAZQUEZ - CRUZ M, GUZMAN - CRUZ R, Lopez - Cruz I, et al. Global sensitivity analysis by means of EFAST and Sobol'methods and calibration of reduced state - variable TOMGRO model using genetic algorithms [J]. Computers and Electronics in Agriculture, 2014, 100: 1 - 12.

[69] MORRIS D J, SPEIRS D C, CAMERON A I, et al. Global sensitivity analysis of an end - to - end marine ecosystem model of the North Sea: Factors affecting the biomass of fish and benthos [J]. Ecological Modelling, 2014, 273: 251 - 263.

[70] 宋明丹, 冯浩, 李正鹏, 等. 基于 Morris 和 EFAST 的 CERES - Wheat 模型敏感性分析 [J]. 农业机械学报, 2014, 45 (10): 124 - 131.

[71] LARSSEN T, HØGÅSEN T, COSBY B J. Impact of time series data on calibration and prediction uncertainty for a deterministic hydrogeochemical model [J]. Ecological Modelling, 2007, 207 (1): 22 - 33.

[72] MACDOUGALL G, AHERNE J, WATMOUGH S, et al. Impacts of acid deposition at Plastic Lake: Forecasting chemical recovery using a Bayesian calibration and uncertainty propagation approach [J]. Hydrology Research, 2009, 40 (2 - 3): 249 - 260.

[73] 张质明. 基于不确定性分析的 WASP 水质模型研究 [D]. 北京: 首都师范大学, 2013.

[74] 李志一. 流域水环境多模型耦合模拟系统的不确定性分析研究 [D]. 北京: 清华大学, 2015.

［75］ CONFESOR R B，WHITTAKER G W. Automatic calibration of hydrologic models with multi－objective evolutionary algorithm and Pareto optimization［J］. Journal of the American Water Resources Association，2007，43（4）：981－989.

［76］ DEB K. Multi－objective optimization［M］. New Jersey，USA：WILEY，2001：145－184.

［77］ 张勇，巩敦卫. 先进多目标粒子群优化理论及其应用［M］. 北京：科学出版社，2016.

［78］ BONABEAU E，DORIGO M，THERAULAZ G. Swarm intelligence：From natural to artificial systems［M］. New York：Oxford University Press，1999.

［79］ KENNEDY J，EBERHART R C. Particle swarm optimization；proceedings of the IEEE International Conference on Neural Networks，Piscataway，N. J. USA，1995［C］. IEEE：1942－1948.

［80］ COELLO C A C，PULIDO G T，LECHUGA M S. Handling multiple objectives with particle swarm optimization［J］. IEEE Transactions on Evolutionary Computation，2004，8（3）：256－279.

［81］ TSAI S J，SUN T Y，LIU C C，et al. An improved multi－objective particle swarm optimizer for multi－objective problems［J］. Expert Systems with Applications，2010，37（8）：5872－5886.

［82］ ERCAN M B，GOODALL J L. Design and implementation of a general software library for using NSGA－II with SWAT for multi－objective model calibration［J］. Environmental Modelling & Software，2016，84：112－120.

［83］ RAZAVI S，TOLSON B A，BURN D H. Review of surrogate modeling in water resources［J］. Water Resources Research，2012，48（7）：1－32.

［84］ BUHMANN M D. Radial basis functions：Theory and implementations［M］. Cambridge，UK：Cambridge University Press，2003.

［85］ JIN R，CHEN W，SIMPSON T W. Comparative studies of metamodelling techniques under multiple modelling criteria［J］. Structural & Multidisciplinary Optimization，2001，23（1）：1－13.

［86］ 肖传宁，卢文喜，赵莹，等. 基于径向基函数模型的优化方法在地下水污染源识别中的应用［J］. 中国环境科学，2016，36（7）：2067－2072.

［87］ SHRESTHA D L，KAYASTHA N，SOLOMATINE D P. A novel approach to parameter uncertainty analysis of hydrological models using neural networks［J］. Hydrology & Earth System Sciences Discussions，2009，13（7）：1235－1248.

［88］ BROAD D R，MAIER H R，DANDY G C. Water distribution system optimization using metamodels ［J］. Journal of Water Resources Planning & Management，2005，131（3）：172-180.

［89］ KOURAKOS G，MANTOGLOU A. Pumping optimization of coastal aquifers based on evolutionary algorithms and surrogate modular neural network models ［J］. Advances in Water Resources，2009，32（4）：507-521.

［90］ KRIGE D G. A statistical approach to some basic mine valuation problems on the witwatersrand ［J］. Journal of the Chemical，Metallurgical and Mining Engineering Society of South Africa，1951，52（6）：119-139.

［91］ BAÚ D A，MAYER A S. Stochastic management of pump-and-treat strategies using surrogate functions ［J］. Advances in Water Resources，2006，29（12）：1901-1917.

［92］ 范越，卢文喜，欧阳琦，等. 基于 Kriging 替代模型的地下水污染监测井网优化设计 ［J］. 中国环境科学，2017，37（10）：3800-3806.

［93］ 闫雪嫚，卢文喜，欧阳琦. 基于替代模型的非点源污染模拟不确定性分析：以石头口门水库汇水流域为例 ［J］. 中国环境科学，2017，37（8）：3011-3018.

［94］ ZHANG X，SRINIVASAN R，LIEW M V. Approximating SWAT model using artificial neural network and support vector machine ［J］. Jawra Journal of the American Water Resources Association，2009，45（2）：460-474.

［95］ 张民，孔繁翔. 巢湖富营养化的历程、空间分布与治理策略（1984—2013 年）［J］. 湖泊科学，2015，27（5）：791-798.

［96］ 唐晓先，沈明，段洪涛. 巢湖蓝藻水华时空分布（2000—2015 年）［J］. 湖泊科学，2017，29（2）：276-284.

［97］ YU H B，Xi B D，JIANG J Y，et al. Environmental heterogeneity analysis，assessment of trophic state and source identification in Chaohu Lake，China ［J］. Environment Science and Pollution Research，2011，18（8）：1333-1342.

［98］ YANG L B，LEI K，WEI M，et al. Temporal and spatial changes in nutrients and chlorophyll-α in a shallow lake，Lake Chaohu，China：An 11-year investigation ［J］. Journal of Environmental Sciences，2013，25（6）：1117-1123.

［99］ XU F L，JØRGENSEN S E，TAO S，et al. Modeling the effects of ecological engineering on ecosystem health of a shallow eutrophic Chinese lake（Lake Chao）［J］. Ecological Modelling，1999，117（2-3）：239-260.

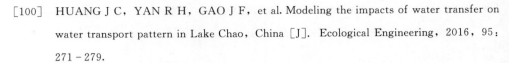

[100] HUANG J C, YAN R H, GAO J F, et al. Modeling the impacts of water transfer on water transport pattern in Lake Chao, China [J]. Ecological Engineering, 2016, 95: 271 – 279.

[101] HUANG J C, ZHANG Y J, HUANG Q, et al. When and where to reduce nutrient for controlling harmful algal blooms in large eutrophic lake Chaohu, China? [J]. Ecological Indicators, 2018, 89: 808 – 817.

[102] 2014 年安徽省环境状况公报 [R]. 安徽省环境保护厅, 2015.

[103] YANG L, LEI K, YAN W, et al. Internal loads of nutrients in Lake Chaohu of China: Implications for lake eutrophication [J]. International Journal of Environmental Research, 2013, 7 (4): 1021 – 1028.

[104] 姜霞, 王书航, 钟立香, 等. 巢湖藻类生物量季节性变化特征 [J]. 环境科学, 2010, 31 (9): 2056 – 2062.

[105] WANG Y L, HUA Z L, WANG L. Sensitivity analysis of the Chaohu Lake eutrophication model with a new index based on the Morris method [J]. Water Science and Technology: Water Supply, 2018, 18 (4): 1375 – 1387.

[106] ZHENG W, SHI H H, FANG G H, et al. Global sensitivity analysis of a marine ecosystem dynamic model of the Sanggou Bay [J]. Ecological Modelling, 2012, 247 (4): 83 – 94.

[107] COELLO C A C, Lamont G B, Van Veldhuizen D A. Evolutionary algorithms for solving multi – objective problems [M]. New York: Springer, 2007.

[108] ZITZLER E, DEB K, THIELE L. Comparison of multiobjective evolutionary algorithms: Empirical results [J]. Evolutionary Computation, 2000, 8 (2): 173 – 195.

[109] DEB K, THIELE L, LAUMANNS M, et al. Scalable multi – objective optimization test problems//Proceedings of the 2002 Congress on Evolutionary Computation, Honolulu, HI, USA, 12 – 17 May 2002 [C]. IEEE: 825 – 830.

[110] VAN VELDHUIZEN D A, LAMONT G B. On measuring multiobjective evolutionary algorithm performance//Proceedings of the 2000 Congress on Evolutionary Computation, La Jolla, CA, 2000 [C]. IEEE: 204 – 211.

[111] DEB K, PRATAP A, AGARWAL S, et al. A fast and elitist multiobjective genetic algorithm: NSGA – II [J]. IEEE Transactions on Evolutionary Computation, 2002, 6 (2): 182 – 197.

[112] RAQUEL C R, NAVAL Jr P C. An effective use of crowding distance in multiobjective particle swarm optimization//Proceedings of the 7th annual conference on Genetic and Evolutionary computation, Washington DC, USA 2005 [C]. ACM: 257 - 264.

[113] WANG Y L, CHENG H M, WANG L, et al. A combination method for multicriteria uncertainty analysis and parameter estimation: a case study of Chaohu Lake in Eastern China [J]. Environmental Science and Pollution Research, 2020, 27 (17): 20934 - 20949.